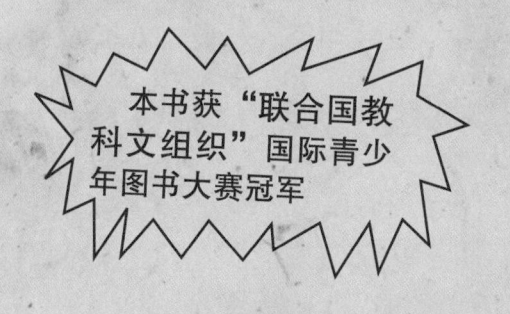

环保超人土豆仔
有趣的环保日记

本书获"联合国教科文组织"国际青少年图书大赛冠军

土豆仔日记——更多的是趣味性而非说教性，孩子们将很容易接受它。
——朱莉娅·艾克勒谢
《卫报》

非凡创意
一本让人愉悦的书，一本让人受益的书，充满了智慧与调侃，更充满了真心的付出。
——林赛·费雷泽

此书具有娱乐性与知识性，并配有美妙的插图，这让孩子们和家长们更加爱不释手。
——My books Mag

这本书如此有趣，不禁让人欢快起来，把环保知识融入日记中，带给我们的是幽默的环保故事。
——《kraze club》杂志

贾尔斯·撒士顿 现年33岁，住在英国威尔士的一条旧木船上。他确实过着非常绿色环保的生活，不过他并不是土豆仔，他们之间如有更多相似之处，那纯属巧合。他毕业于华威大学，获得工程设计技术专业的学位，曾就职于威尔士中部的替代技术研究中心，也做过木匠。贾尔斯在一个名为Big Bunda的摇滚乐队中担任吉他手，还钟情于黑白摄影艺术并打算以此为业。本书是他创作的第一本书。

奈杰尔·拜恩斯 奈杰尔成长于20世纪70年代，在那个年代浪费之风盛行。他记得当时的计算器做得如砖头一般大小，电视机的光线非常亮，电视一打开就会盖过所有的路灯光。如今他长大了，也明白很多事情了。眼见着冰川日益萎缩，交通越来越拥塞，街道上充斥着塑料袋，奈杰尔非常努力地尝试改变自己的生活方式，就像土豆仔那样。他的外表甚至有点像土豆仔，他戴的帽子就和土豆仔的一模一样，那是他在秘鲁买的。

环保超人土豆仔
有趣的环保日记

［英］贾尔斯·撒士顿 文
［英］奈杰尔·拜恩斯 图
朱志勇 邓昊玥 译
阿 甲 审译

科学普及出版社
·北 京·

图书在版编目(CIP)数据

环保超人土豆仔/有趣的环保日记（英）撒士顿编文；（英）拜恩斯绘；
朱志勇，邓昊玥译. —北京：科学普及出版社，2013
书名原文：Spud Goes Green
ISBN 978-7-110-06026-1

Ⅰ.①环… Ⅱ.①撒…②拜…③朱…④邓… Ⅲ.①环境保护-儿童读物
Ⅳ.①X-49

中国版本图书馆CIP数据核字（2010）第079619号

© Egmont UK Ltd 2006
Illustrations copyright © Nigel Baines 2006

版权所有 侵权必究
著作权合同登记号：01-2009-5484

出 版 人	苏 青
策划编辑	肖 叶
责任编辑	肖 叶 邵 梦
封面设计	阳 光
责任校对	张林娜
责任印制	马宇晨
法律顾问	宋润君

科学普及出版社出版
北京市海淀区中关村南大街16号 邮政编码：100081
电话：010-62173865 传真：010-62179148
http://www.cspbooks.com.cn
科学普及出版社发行部发行
北京盛通印刷股份有限公司印刷
*
开本：700毫米×1000毫米 1/16 印张：9 字数：160千字
2013年1月第2版 2013年1月第1次印刷
ISBN 978-7-110-06026-1/X·36
印数：1—10 000册 定价：29.00元

（凡购买本社的图书，如有缺页、倒页、
脱页者，本社发行部负责调换）

1月1日 星期六

今天是1月1日，和去年差不多，这是一年中的第一天。想想看吧，和前年也差不多。这一天，也是制订"新年计划"的日子。去年，我的计划是让我的耳朵长得更大一点儿，不过看来没有成功。今年，我决心做点儿更有意义，也更实际的事情。我想出了一大堆点子，比如：

- 学会舞动双臂去飞翔。
- 直接穿过墙壁（墙上没有门）。
- 学会穿越时空。

哈，刚才我撞见艾迪了，他是我的邻居，就住在隔壁。他戴着一副泳镜，又在做什么实验了。他说，他想看看戴着这副泳镜看东西会不会有变化。很显然，他看到的所有东西都变绿了。

艾迪说，绿色和我很相衬。他建议我的新年计划就是真的把自己变成绿色。他的主意很好，但我怀疑我是否有本事去变色。不过，我想我可以退而求其次——我要加入到绿色行动中，学做地球的好朋友和大自然的卫士。这个星球看起来的确需要有人来照顾。

1月2日 星期日

我使劲儿地想，怎么把我的新年计划付诸行动。最后，我决定最好的办法就是整天呆在床上。这样我就不会做出任何有害地球的事情——加入绿色行动就得这样吧。

1月3日 星期一

我没法再待在床上了,那真是出奇的累啊。得用别的法子开始绿色行动,我需要一些建议。我要到隔壁去问问——艾迪知道好多事情,他知道什么是绿色环保的,什么不是的,还有好多什么什么的。

好啦,艾迪被我的绿色计划深深打动了,他给我提出了第一项环保挑战计划。

搜寻暖气泄漏源

我必须找出家里每一处暖气泄漏的地方。这个我能做到。容易啦。你看好了，我有一个高精密的计划：

1. 我找到一条很轻的丝带，大概有我手臂的一半长，我把它系在铅笔的一端。

2. 现在，我就拿着它走遍房子里的各个角落，看它是否摆动……它一摆动，就说明那个地方有气流，就是说那个地方有缝隙，也就是说我得把缝隙堵住，免得浪费热能。

3. 侦察工作仍然在继续……现在丝带摆动得很厉害。哎哟！关上厨房的窗户后好些了，不过还有一点气流。难道还有别的地方暖气泄漏？

艾迪说，像我这样为环保献身的绿色分子，还要确保暖气不会从门板底下或是窗户边沿的缝隙泄漏。暖气常常就是这样被浪费的。

1月4日 星期二

终于，我找到了所有暖气泄漏的地方。接下来，我需要对它们做些什么了。我想我知道怎样去做…… 我找到了一些旧衣服，把它们剪开，然后把它们缝制成管子的形状。天下第一条腊肠布蛇诞生了！用这种腊肠布蛇堵住门下面的气流，真是妙极了。不是我吹牛，绿色行动也很容易嘛……

> 赶快逃命啊，土豆仔！我能抓住它多久就抓多久。蛇的毒液可是致命的！

（艾迪确实被吓坏了。我花了很长时间向他解释，才使他确信并没有真的危险发生。）

"饲养"你自己的蛇

1. 把一块布料裁成长方形，长度大约和门宽一样，宽度大概是门宽的一半。

2. 将布料顺着长边对折。

3. 缝住布料的长边和两端的开口，但要留下一个小开口以便能翻过来。

4. 把它从里到外翻过来，隐藏缝线的针脚。

5. 把报纸和碎布头塞到布蛇里面，从头到尾都塞满。

6. 把开口的地方缝起来，再画上蛇眼睛、蛇嘴巴。小菜一碟！

> 警告！小心使用所有尖的东西，如剪刀、缝针等。可以请一位大人来帮助你干那些危险的活儿。

1月5日 星期三

今天，要不我来试试，看我在完全关闭暖气设备之后还能不能幸存下来？这会让我省不少电！

下午1点，我冻僵了。我又裹上了几件厚外套。也许这并不是个好主意。我要挺住。这时有人在敲门。

是艾迪！他被堵在门外了！我家前门已经被冰封住打不开了。我不得不透过门上小信箱的缝隙向艾迪解释目前的状况：开这道门需要用力撞一撞。"准备好，"我对艾迪说，"我一点头，你就撞门。"艾迪说他不懂我点头对撞门有什么帮助。当我们终于把门弄开的时候，一股暖风呼地一下涌进厨房——原来外面比屋里还要暖和。

艾迪说我还是重新打开暖气为妙，不过可以不像以前那么高的温度，而且可以只穿一件厚外套。他聪明的建议总是能令我印象深刻。

1月10日 星期一

今天，我去艾迪家玩的时候，发现艾迪正坐在地上，盯着他的垃圾桶发呆！他说他在发愁。据他所知，我们所有的垃圾最后都被堆到一个叫做垃圾掩埋场的大坑中，当垃圾分解时，会散发难闻的气体并污染空气（有点像艾迪饱餐一顿后发生的事，嘻嘻！）。但更糟糕的是，一些东西几千年都不能腐烂，如塑料、玻璃和金属，它们只会越堆越多，越堆越高……我和艾迪详细地讨论了这个问题，并确定最好的办法就是我们平时少制造些垃圾。这有点难度，需要一些手段。

今日小贴士

艾迪很肯定地告诉我，如果我对着一杯水不停地大吼八年，就能产生足够的能量把水加热。

不用在乎我的感受

艾迪告诉我，我们可以挑选出一些垃圾，就像再生利用废弃自行车那样处置它们，这些东西包括：

玻璃瓶和玻璃罐　　　　塑料瓶

　　　　　　　　　　饮料罐

罐头盒
（如装豌豆的罐头）

（我要把这些东西都堆到楼梯旁边。）

纸和纸盒——我只好把它们捆起来堆到楼上的小屋里。
衣服——比如那件我从来都不穿的紫色外套。

但接下来怎么做呢？我实在搞不懂这跟自行车或垃圾掩埋场到底有什么关系。

1月17日 星期一

我整整忙活了一周来收集那些可以再生利用的东西。现在屋里堆满了这些东西，连个落脚的地方都没有啦。从厨房收集来的豌豆罐头最后终于挺不住了——它们从楼梯上滚下来形成了小型的山体滑坡。

我什么时候能开始再生利用呢？

原来艾迪所说的是"废品回收"，而不是"再生利用废弃自行车"。我真想弄明白，自行车跟这些垃圾有什么关系。不过，我收集的这些东西好像都可以被熔化，再做成新东西。我很聪明吧！

艾迪看见了那件我从没穿过的紫色外套，并从此以后穿上了它。很显然，这也叫做回收利用吧。

2月3日 星期四

　　最后，我和艾迪整整跑了四趟才将我们收集的垃圾运到废品回收站！我都累趴下了。艾迪说，要想轻松一点儿，我首先应该少制造些垃圾。这有点难，但只要是好事，我就应该尝试去做。艾迪一向将他的垃圾放在自己的衣服口袋里。可是怎么处理它们呢？艾迪说，他的垃圾没那么多，不用运到废品回收站。（他的口袋真大！）。从现在开始，为了绿色环保我要改变一些做事的方法……

今日小贴士

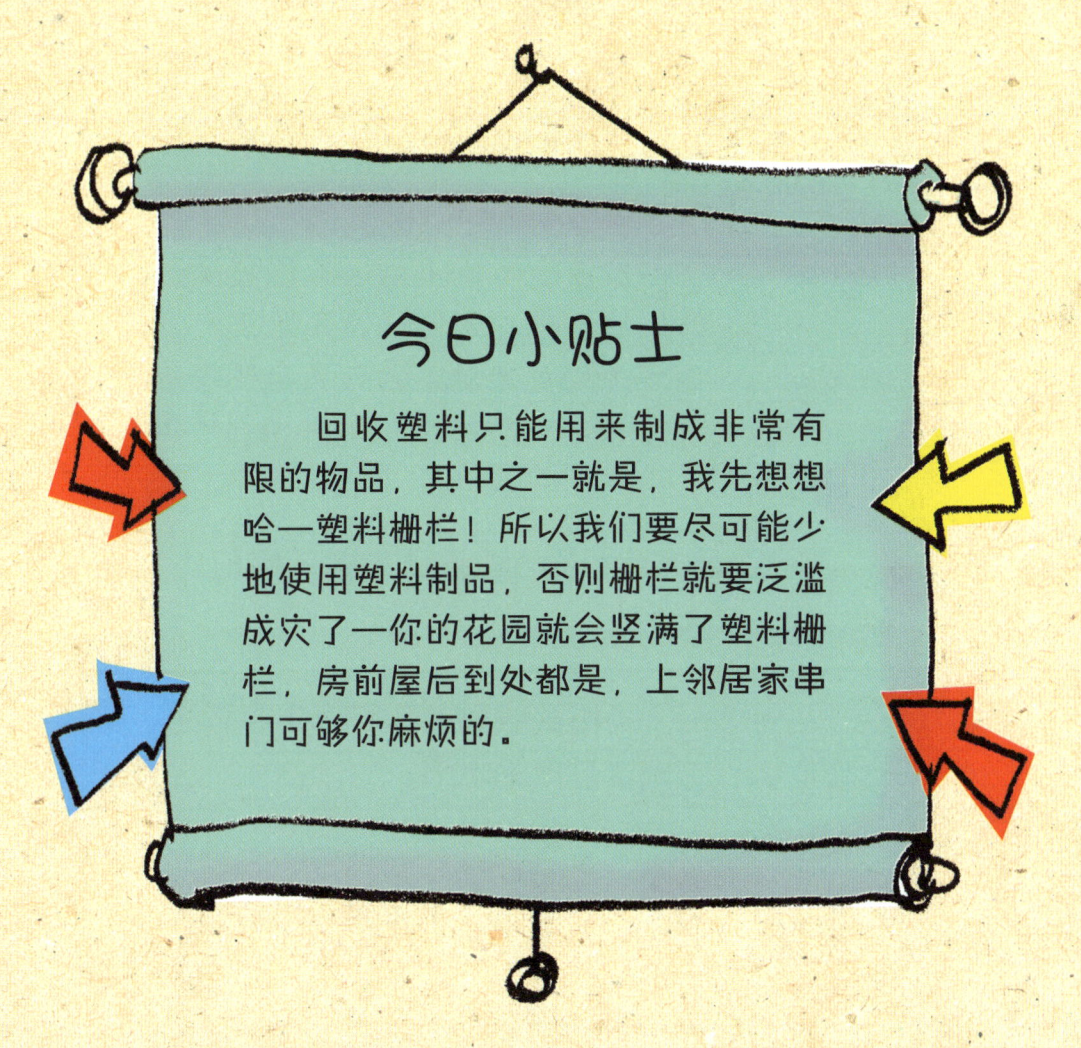

回收塑料只能用来制成非常有限的物品,其中之一就是,我先想想哈—塑料栅栏!所以我们要尽可能少地使用塑料制品,否则栅栏就要泛滥成灾了—你的花园就会竖满了塑料栅栏,房前屋后到处都是,上邻居家串门可够你麻烦的。

1. 当我想喝口水或果汁的时候,我会用旧瓶子来装,而不是去买瓶新的。

2. 我尽量少喝罐装饮料。

3. 我不会去买用大量塑料包装的食物,除非我实在太饿了,而且那里没别的可买。

2月9日 星期三

早上，我一直在观察一只小鸟（我想它是只麻雀）。它在厨房窗户外面不停地跳来跳去。也许它需要一个地方坐下来休息？我在工具棚里转来转去，找到几段木头，准备做一个供鸟儿休息的小鸟桌子。

1. 你需要一根至少长130厘米的又直又细的木棍，用它来做支柱。

2. 找一块方形的木板用来做桌面。它至少有这本书这么大，当然不是用这本书。

3. 这一步比较复杂，你可以请年龄稍大、经验较丰富的人来帮你，需要将木板用螺丝固定在木棍头上。

4. 确定你想安放鸟桌的地方，在地上挖一个洞，然后把木棍插进去。

5. 在支柱周边填上土，并且踩结实。

艾迪说，现在鸟儿们的日子比较艰难。许多树和灌木树篱都被砍伐了，为的是腾出地方建房子和修路，所以它们快要无处安生了。它们需要多一些小鸟桌子——它们可以在上边停一停、想一想，或者嚼一嚼浆果什么的。这跟我们人类的需要一样。

我也想要一辆法拉利跑车

2月13日 星期日

　　鸟儿们纷纷聚集在鸟桌上,就好像它是个屋脊或是个天然的住所。鸟桌上满是鸟粪,真是个好兆头。它们显然很喜欢我放在上面的食物:

全麦面包的面包屑　　　　肥肉——我朋友早餐吃剩下的

坚果　　　　干果　　　　奶酪

真希望我昨晚没吃那顿咖喱饭!

我也是!

菜谱

艾迪说有些食品不能给鸟儿吃，包括：

咸花生

白面包片

椰子粉

生肉——我知道为什么。

辣的食品——这我不知道为什么。它们一般也不吃。

艾迪和我做了个小结：我已经踏上了真正绿色环保之路，告别了以前完全没有绿色或者只有一丁点儿绿色的日子。我承认，我现在还算不上真正的绿色环保者，但我打算要努力坚持下去。

今日小贴士

对垃圾的再利用要比回收垃圾更为绿色环保。所以，我因为制造鸟桌而获得额外加分。艾迪说他将监督我的绿色行动，并保持严格的评分标准。

2月18日 星期五

下午,我正在观察鸟桌上的一群鸟儿时,一个灵感蹦了出来。那些鸟儿们需要找地方睡觉和下蛋。给它们做一个宾馆怎么样?我可以用那些平常被扔掉的东西来做,比如牛奶纸盒。这样做是不是非常绿色环保呢?我想我是个天才。

1. 从我的回收垃圾堆中找出一个牛奶纸盒。

2. 我从顶端打开纸盒,把它洗干净。

3. 用剪刀在盒子正面剪一个圆洞——差不多一个浴缸塞的大小。这是小鸟宾馆的前厅入口。（需使用尖头剪刀。危险小心！）

4. 在里面放一些干草，让小鸟客人住得温暖舒适。

5. 用胶带把纸盒的顶端封上。

6. 涂一涂，画一画——把宾馆装扮得可爱一些，小鸟才乐意住进去。

7. 我要在大门上写上"小鸟宾馆——祝您过得愉快"。然后，我会用一些细绳把它悬挂在花园的树上。

现在，我在恭候我的第一批客人。如果我用回收的牛奶纸盒做更多的小鸟宾馆，那些烦心的垃圾就会更少了，还能让成百上千的鸟儿快乐。多好的计划啊！

25

2月19日 星期六

我和艾迪在花园里挖池塘。这个主意是要吸引更多的野生动植物到花园里来。蜗牛和蜻蜓会喜欢它的。青蛙和蟾蜍会在那儿呱呱大叫。它们和我们有很多共同点。我还会在里面养鱼——好多好多鱼。等我们大功告成，这里一定会生机勃勃。

就是这样，整个下午我和艾迪都在为这事忙活。我们挖挖聊聊，聊聊挖挖。他主聊，我主挖。

池塘就是这么挖成的:
(这个工作很复杂,所以你不要自己单干。)

1. 我们挖一个洞,一个大洞。有一面是一个缓坡直到池底,这样万一有东西掉进去也能自己爬出来,也包括我,嘻嘻!

2. 我们在池底铺上几块旧毯子,以防尖石头扎人。

3. 我们又在上面铺上一层厚塑料膜,主要是防止池里的水渗干。我们再用一些大石块压住这层塑料膜,同时作为池塘边缘的标志。等到下次下雨时,池里就会蓄满水。

现在,我们就等着下雨了。我和艾迪对我们的手艺都非常欣赏。他说,要是我们挖的是一个更大的洞,那就可以分出一半,艾迪要把另一半放在他的花园里。

今天的绿色行动我们干得很漂亮。

2月20日 星期日

昨夜的雨很大，就像在下猫下狗！下得满花园都是卷毛狮子狗。噼里啪啦的。我刚才去看了一下池塘：它就要装满水了。再这样下几个晚上的大雨，我们也要被冲到池塘里去了。

艾迪说，接下来要做的事就是去买些特殊的池塘植物，主要有三种类型：

1. 制造氧气的植物：它们能在水中释放氧气，供鱼儿和其他池塘生物呼吸。这些植物完全生长在水下，还让鱼儿在感到害羞的时候能有地方躲藏。

2. 漂浮植物：绝大多数这类植物的根都生长在池底。它们的叶子漂浮在水面，在水中形成遮蔽，这对很多池塘生物非常重要。

3. 长在池边的植物：这些植物通常有花，它们产生的花粉会吸引蜜蜂和其他野生动物前来。

今日小贴士

如果你在池塘水面上放一个球漂着，它就会防止池塘水全部结冰，这样氧气就会进去，池塘里的植物和动物就能正常呼吸了。

忏悔日 星期二

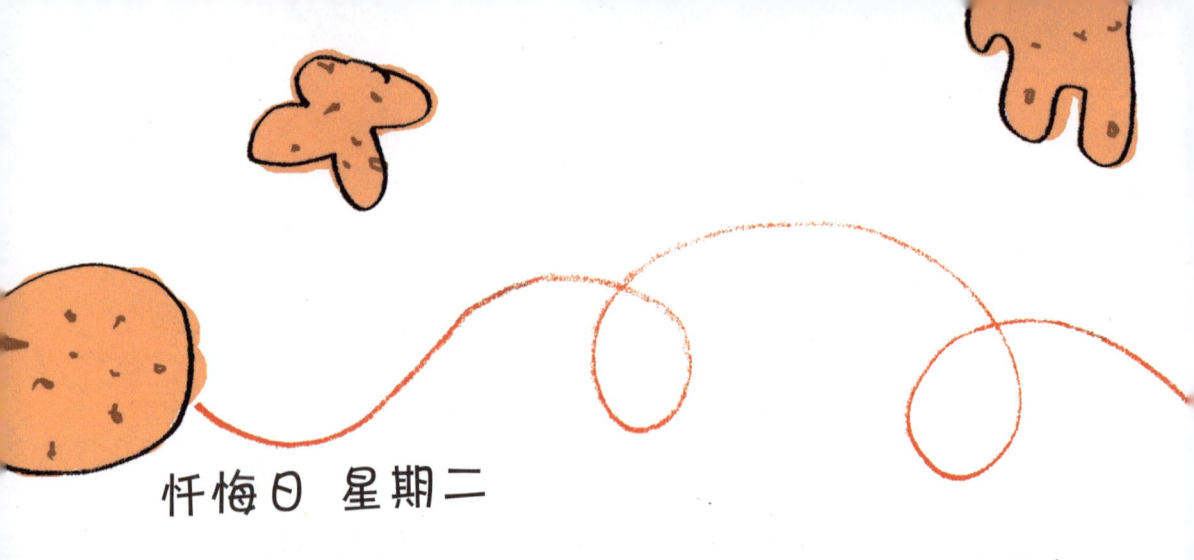

忏悔星期二就是薄饼节！在薄饼节，让艾迪待在厨房里是危险的组合。艾迪相信自己能甩锅让薄饼空翻，但我深表怀疑，事实证明我的怀疑是正确的。

事情是明摆着的——你用我的法子就能轻易躲过飞来的薄饼，但要把黏糊糊的薄饼从头发上揪下来就没那么容易了。

土豆仔防御薄饼的掩体

*译注：忏悔星期二，是欧美基督教国家的节日，在英国尤为盛行，在这一天人们要煎薄饼来享用，有的地方还会举行有趣的"薄饼赛跑"。忏悔星期二的日期每年不同，通常是复活节的前47天，比如2009年是在2月24日。本书日记中的日期是作者随意编排的，因此这里的日期并不确定。

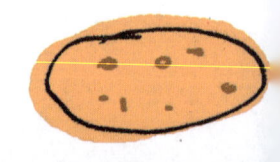

我一直在想艾迪说的话。他说，我们的食物是用卡车、轮船和飞机运到商店里来的，这些交通工具需要消耗大量的燃料，并释放刺鼻的浓烟废气，导致空气受到严重污染。所以，我真的要试一试在离家更近的地方获取食物。没有什么地方比我的花园离家更近了。所以我在想，我可以自己种一些东西……

3月6日 星期日

艾迪觉得我应该努力实现自己的想法：要么自己种植，要么就不再吃东西了。这法子好像有点疯狂了。现在我首先要做的事就是收集种子。

艾迪把一个苹果核落在厨房的桌子上——乱扔东西的家伙！我正准备拿它来喂鸟儿，突然我明白了：果核就是种子。艾迪留下这个果核是有目的的。我要保留它们，并把它们种到花园里。这样等我再长大一点儿的时候，花园就会变成果园，苹果就会从我耳边的树枝上长出来了！

1. 有些老品种水果的果核最适宜种植，比如科克斯苹果的果核，因为它们有更为优良的基因（基因是包含在果核中的遗传信息，能决定水果的生长。不要把"基因"和炒菜用的"鸡精"搞混了）。

2. 常吃苹果有益健康，俗话说：每天一苹果，医生见我躲。（只要你瞄得准。嘻嘻！）

今日苹果小贴士

3月13日 星期日

整整一个星期我都在收集能用来种东西的瓶瓶罐罐，我要把那些苹果核种进去，还有我收集的其他种子——梨、葡萄、西红柿……家里到处都是瓶子、罐子，如酸奶瓶、塑料盒和洗干净的颜料罐，等等。我还准备试着用一只旧运动鞋种植植物。任何植物呆在里面都可能会窒息而死，不过我们还是试试看吧。我要先从西红柿种子开始……可能还是先种苹果核吧。我不知道这么做是否行得通，不过，嗨！值得试一把。而且艾迪好像也胸有成竹……

西红柿！

艾迪告诉我，最好还是把宝押在本地品种的西红柿种子身上。因为这些种子已经适应了本地的条件，直接就能长出来。那些从超市买来的西红柿的种子，还需要额外的帮助，它们才有机会生长……

1. 将西红柿的种子连同瓤一起舀出来，放到碗里。

2. 把碗拿到一个温暖的地方放几天，让这些种子发酵。你会看到有一些小气泡出现，还能闻到一点儿味道。

3. 再把种子放到一个滤网上冲水漂洗。洗完之后，把它们放到一个小盘子里晾干。

4. 把它们放进冰箱里搁几天。这是要骗骗它们！这些种子会误以为它们是在自然环境中，外面是霜冻的冬天。等你把它们取出来的时候，它们肯定以为是春天到了——正是种子开始生长的时候。很狡猾吧，哈哈！

3月20日 星期日

现在正是一年中种植苹果和西红柿的时节，所以今天早上……

1. 我用螺丝刀在每一个我收集来的容器底部扎出一个洞。这样做是为了让水能流出来。（危险！小心！你一定要找大人来帮你——这不是件容易的活儿。）

2. 我在每个容器底部都铺上一些小石头，这样既可以防止土漏出去，又可以让水流走。植物不喜欢它们的根部泡在水里。

3. 每个容器都装满土，装到接近顶端。

4. 然后我把一些苹果核放到一些容器内，把西红柿种子放进另一些容器内，用手指头把种子轻轻地压进土里，每个种子间隔一个手指头的距离。有些种子可能不会发芽，所以一个容器内多放几颗，至少其中有一颗会发芽。

5. 把种子放进去后，我在它们上面又铺上点儿土，大概一厘米厚。然后我就给它们浇水。

现在把每个容器都放在厨房的窗台上，这里光线很好，又不会太热。我只能把那只运动鞋放在后门边，原因嘛？显而易见。希望小·西红柿种子在那里能好好的，但我可不敢指望它们真有机会长出来。

4月1日 星期五

今天是愚人节——一年中最好的日子之一。为了跟艾迪开个玩笑，我布下了一个绝妙的陷阱：把一个装满冷水的小桶架在门框上，在水桶的提手上系着长绳，长绳的另一头系在前门的把手上。我想这一招准成，可就在这时，电话响了，是艾迪打来的。他听起来非常兴奋，气喘吁吁地对我说："赶快过来!"然后挂了电话。

我立刻冲到他家，发现他正盯着厨房桌子上的一个盆。盆里有一棵小树，枝条上结满了硬币！

"摇钱树,"艾迪喋喋不休地说,"前一阵我在做实验,我试着种了些硬币,现在竟然长成这样了。"我都惊呆了。艾迪小心地摘下一枚硬币,把它放到我手上。"把这个种下去,土豆仔,"他说,"你将成为一个有钱人。"

这真是个绝妙的主意。我赶紧跑回家,猛地打开前门,抬头正看见倾倒下来的水桶,水冲下来了。

当时我还在想,那枚硬币的事儿是不是真的。一桶冷水浴算是把我浇醒了。

4月3日 星期日

今天是复活节！我在花园里藏了十个复活节彩蛋，而且还很仔细地点过数。艾迪在他的花园里也为我藏了十个彩蛋。他过来找彩蛋，回去的时候却拿走了十四个。看起来有点奇怪。我仔细检查我藏彩蛋的地方，原来我藏得不够隐蔽。整个下午我都在吃巧克力。我们所有的彩蛋都只用了一点点儿的塑料和纸壳，所以需要回收的东西很少。我感觉非常绿色、非常环保，我对自己很满意。只是可能巧克力吃多了，我觉得不太舒服。我检查了一下种植物的盆，看看有没有生命迹象，可惜还没有。不过现在还早呢。

4月5日 星期二

我种的植物需要用不少水来浇灌。出乎意料的幸运——我找到了一个装满了雨水的桶,那是我原本以为弄丢了的桶。

收集雨水来浇灌植物是个最好的主意,因为这节省了很多自来水。节约自来水非常重要,因为:

1. 世界上只有极少量的水是淡水——大概不到总水量的1%。剩下的水全是海水,海水因为太咸而不能饮用。而99%的淡水都被冰封在两极的冰川中。这就意味着全世界可用的淡水并不多,想想看吧,每个人都要用水来洗、喝、做饭,还要玩水枪。特别是一把好用的大水枪有多费水。我就准备弄一把水枪来对付艾迪,在他毫无防备的时候射他。

两极的冰川

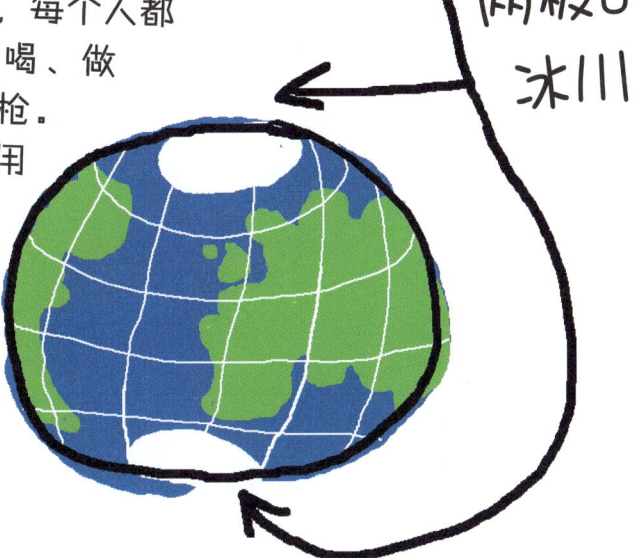

2. 即使在世界上那些下雨很多的地区，也只有不多的地方能储存雨水来应对旱季，旱季来临时艳阳当头，滴雨不下。

3. 如今地球上的天气真的很难预测：世界上一些地区的夏天非常热且降水非常少，而另一些地区经常有暴风雨和洪水。我们很难预测未来会发生什么。所以现在能想出来的好主意就是，要养成一个好习惯，小心留意自己用了多少水。

4. 我们生产的自来水有三分之一是用来……冲厕所马桶的！

艾迪说，他一直在收集雨水。当雨水落到他家屋顶的时候，会沿着排水沟流进排水管，再直接流到一个大水桶里。他不喝那桶里的水，但植物喜欢桶里的雨水。如果天气太热了，艾迪也会跳到那个大桶里凉快凉快。

今日小贴士

一个漏水的水龙头每年浪费的水大约有50万品脱（约为284吨）。赶紧找水管工人来修修吧……我以后刷牙的时候，也不会让水龙头一直开着，这也会节约很多水。

*译注：品脱为英美容量单位，1品脱按英制约等于0.568升，按美制约等于0.473升。

43

4月6日 星期三

今天早上艾迪转到我家来。他说他的头快要爆炸了，因为里面装了太多水汪汪的知识。他知道我对这些知识非常感兴趣，就一股脑儿地又灌给了我……

1. 他发现很多工厂的废水都排到了海里，令很多鱼和其他海洋生命丧生。

2. 大量的废水，包括洗澡或淋浴产生的废水、冲厕所或洗地板的废水等等，通过排水管道流入到大海里。这些废水连带着各种各样的垃圾，如尿布和棉絮，许多这样的东西不会分解，经常被冲到海滩上。

臭烘烘的东西

3. 人造化肥和杀虫剂是用来帮助农作物更好生长的，但它们会渗入土壤，并慢慢流进河流、大海，导致水污染，从而杀死各种各样的植物、动物，特别是鱼。

4. 清洁剂、消毒剂和颜料等所产生的有毒的或化学的废料，也有可能通过这样或那样的通道进入江河、湖海，并造成巨大的危害。艾迪说，油、颜料和日用化学用品都应该做到可回收利用。

脑袋爆炸了肯定不好受。把知识灌完给我，艾迪走的时候看起来轻松多了。我还能治病呢——土豆仔医生，听起来不错吧？

4月8日 星期五

今天我不但要"变绿"还要变得"有机"。

今日小贴士：绝大多数农民用人造化肥和杀虫剂来帮助农作物生长并防治害虫。但这些化学喷剂也会渗入水果和蔬菜的表皮。有机食品恰恰相反，它们在生长过程中没有使用任何化学喷剂。实际结果是，它们非常洁净，不会对任何人造成伤害。

许多人认为放屁甲虫是害虫，但它们却给我带来灵感。当它们担心会受到别的东西攻击时，就会撅起屁股，喷射出滚烫的、有毒的化学物，就像放屁。要是我也能这么干，我可就真牛啦。

啊——啊——啊——啊！

汪汪！

进展 报告

一月 十二月

今年我有一个很好的开始。但是，我是不是真的踏上了绿色之路，就要变成一个真正的绿色分子呢？艾迪说他认为我做得不错。

有些水果和蔬菜比其他的果蔬容易吸收更多的杀虫剂。最容易成为元凶的包括：

葡萄　　苹果　　花生

菠菜　　西红柿　　桃子

草莓

因此艾迪说，你最好能去买有机的品种，要不然就得把这些果蔬特别认真地洗干净。他还告诉我，你还可以去买有机的肉、鱼、蛋……有机食品有很多。

我的那些种植盆里仍然没有生命的迹象。我又有个念头，是不是什么地方我做错了？艾迪说我还得耐心一点。

4月11日 星期一

看起来，植物能吸收任何混和在水里的东西，不光是杀虫剂。今天早上的试验证明了这一点。

1. 拿一根芹菜和一些食品染料。

2. 将食品染料倒入一杯水中。

3. 把这根芹菜插入杯中，放置几个小时。

4. 把芹菜拿出来切片，看看发生了什么事！

我的芹菜梗变得和大黄梗一样红！不过吃起来味道还不错。

4月13日 星期三

今天早上我在工具棚里找到一个旧木头箱子，我让艾迪过来瞧。你也许会说它这一生还没有物尽其用吧。它也能像我一样加入绿色行动吗？艾迪说它能。这就是为什么它现在拿来做……我的堆肥箱了！

用堆肥的方法制成的混合肥料里包含很多好东西，也就是人们所说的营养成分，是植物茁壮成长所必需的。我们把这个箱子从工具棚里抬出来，这样我就可以顺手把许多东西扔进去……

蛋壳

土豆皮

果屑，如苹果核

但是不能放肉。因为肉会散发出味道，会吸引小动物前来探查，我可不想这样。要想堆好肥料记住这一点很重要。

蔬菜屑——胡萝卜头和洋葱皮，等等。

如果不小心错把无法分解的东西扔进去，比如包装袋什么的，也不用大惊小怪——几个月后我再把它拣出来就是了！艾迪告诉我，还有一点很重要，我需要再往里面加许多揉成团的纸壳或报纸。然后，等这个箱子被塞满后，我应该把它放置几个月。

堆肥箱就放在厨房窗外，我一直在做投弹练习，隔着窗户把那些东西扔进箱里。可我的技术不佳，花园里扔得到处都是土豆皮和碎纸壳，有一小团土豆泥粘到了窗棂上，还有一块香蕉皮飞过篱笆，飞进了艾迪的花园。

51

我给我的种植盆和那只旧运动鞋浇水,但是对它们能长出什么东西来,我已经不抱太大希望了。艾迪说,如果他是一颗种子,他会再多等一等,等着跟大家一起发芽。我打算再多给它们一些时间。

今日小贴士

还有另一种堆肥的方法,不需要用纸壳,只需要用蔬菜屑和割下来的草。这种方法是让肥料堆完全依靠自己加热——就是利用真菌和细菌来吃并自我繁殖。所以如果你在上面加一个盖子保持温暖,就能加速腐烂成肥料的进程。艾迪的这种方法制成的肥料会少一些,但需要干的活儿也少多了。对我来说,倒是个好方法!

4月15日 星期五

艾迪早上转过来时，拿着一个旧汽车轮胎。他想回收利用它却找不到好办法。我们琢磨了很久，突然灵机一动。我们正好缺一个秋千！我找来长绳子，把轮胎吊在花园的一角，这样轮胎秋千就转起来了，哦，应该说荡起来了。我们整个下午都在荡来荡去。

更多新闻：当我在秋千绳垂落的位置刨坑时，发现了两个浑身长白芽的土豆——它们将是我往堆肥箱里练习投弹的绝好材料。

4月17日 星期日

原来，发了芽的老土豆不但可用来练习投弹，也很适合种植。而且，四月正是种土豆的好时节。艾迪给我写了一堆种土豆的技术要领，所以我很快就会了。

1. 我在工具棚的后边发现一个大的种植盆。你也可以用水桶，但是需要在桶底打几个洞，好让水流出来。

2. 确定你的土豆已经发芽了。如果你把土豆在窗台上放上几周，芽就会出现。

3. 在盆的底部放上一层肥料，差不多5厘米厚就行。然后把发了芽的土豆放在上面，再铺上一层土，刚好能盖住土豆上的芽。

4. 别忘了往盆里浇水。当看见芽又冒出来的时候，再在上面铺一些肥料。艾迪一直在指导我操作。他非常擅长指导别人。

5. 现在你必须等待。每一次土豆芽长出来，冒出土壤的表层，就再用一些土把它盖住。一直这么做下去，直到土层满到种植盆的边缘。这大概要花上几周的时间。

6. 当你看见这植物开花的时候，你知道你就要做成了。

7. 让花自己凋谢，然后把盆里的东西倒在地上，用手去扒一扒，你就会看到……好多土豆——沾满泥土的土豆仔，没有比这更好看的了！

邮递员
西蒙

4月20日 星期三

今天早上邮递员西蒙在厨房的窗户外兴奋地冲我招手，然后指着我的种植盆。指一指，又招招手。一定发生了什么事。我走近一看：**生命迹象！**

我要向艾迪敬个礼：他说过这些植物会长出来的。

西蒙自己也是个很绿色的家伙,他说我种出来的植物让他大受鼓舞,所以我给他一袋种子让他回家也去种。

我从每个盆里拣出一些新芽,只保留那些看起来最健康的芽,省得它们相互之间争夺土壤里的营养。那只旧运动鞋里至今还没有生命迹象,但我并不感到奇怪。我如果生活在一个臭烘烘的旧鞋里,我也不愿露脸的。

4月27日 星期三

植物最新消息：萝卜已经露出脸来了。这只用了一周时间，但也不轻松，我要保证一直给它们好好浇水，好在我们有很多雨水。艾迪告诉我莴苣长出地面的时间会久一些。难道它们不知道我好想吃莴苣沙拉吗？

土豆仔今天刚发现一些新的土豆芽。他已经用一些肥料给这些土豆芽盖上了。

5月4日 星期三

现在天气越来越暖和，感觉像是在夏天。我在花园里晃了几个小时。这一周我要种西葫芦种子。你瞧，我有一个计划……

1. 我打算像种萝卜和莴苣一样种植西葫芦，但是当西葫芦长到香肠那么大的时候，我要把我的名字刻在其中一个的表皮上，在另一个的表皮上刻上"艾迪"。

2. 这样当它们长大的时候，上面的名字也会跟着长大，而且表皮刻出来的伤口会渐渐愈合，那两个名字看起来就像天生的一样。

3. 然后我会请艾迪过来吃午餐，并请他品尝那个刻有他名字的西葫芦。我不会告诉他那字是我刻的——我会说是那植物自己教会自己写字的。马上就动手干吧！

> 我像一片云，孤独地游荡……

我刚才和西蒙聊天，他无意中告诉我他正在家里实施一个小计划，好像跟他的自行车有关，是关于怎么样在有风的日子里送邮件更容易。但是他说，他不能告诉我更多。那是最高机密。

5月6日 星期五

　　昨天晚上我突然灵机一动：尽可能地少用电当然是一件好事，可是我能不能完全不用电呢？天黑了我可以点蜡烛。电热器关了，我要是觉得冷可以多穿几件外套。我可以吃不需要煮或加热的食物。我相信我会习惯用凉水洗东西。比较麻烦的是没有电我就看不了电视，但我想我能对付过去。不管怎么样，这办法值得试一试。一切为了绿色！

嘣

哗啦！

唉呀！！

需要记住的事

1. 艾迪说，会变热的东西消耗更多能源，比如厨房里的炊具。如果你煮汤的时候盖上锅盖，将会比你开着盖来煮节约用电量的三分之一！

2. 电热壶会变热，所以你知道它会消耗大量的电。这就是为什么你烧水时应该试着控制一下，要喝多少才烧多少。

3. 电熨斗会消耗大量的电，所以尽量穿免熨的衣服吧，或者穿得皱巴一点也无所谓！

4. 艾迪说猫比狗更爱看电视，所以如果我要养宠物，就应该养条狗。艾迪对我说，这个问题他曾经专门研究过。

噢，真黑！

今日小贴士：许多电是通过燃烧煤炭、石油或天燃气而产生的。当它们被燃烧的时候，会释放浓烟废气，其中就包括二氧化碳，这种气体会上升并在地球周围形成气层，这种气层会将太阳辐射困住，妨碍地球散热。这就叫"温室效应"，因为这种气体所起的作用很像温室的玻璃，它们让热量进来却不让热量出去。在过去的100年中，全世界平均温度上升了0.6摄氏度，这听起来好像没什么，但是人们认为，这正是在世界上某些地区引起洪水、干旱甚至是飓风的原因。

植物最新消息：

我的那只旧运动鞋开始出现生命迹象了！真把我给震了。这帮植物小子可真顽强。

5月7日 星期六

昨天，我的"无电生活挑战"启动得很顺利——至少在太阳下山前还不错。天黑了，但我一盏灯也不能打开——直到这时我才发现，原来屋子里竟然有17个灯泡。这是个很黑、很黑的夜晚，大半个晚上我不是磕到这儿就是碰到那儿。

哎哟！

天亮了，看着昨晚被我弄得乱七八糟的房间，我终于得出结论：大概对我来说，完全不用电的生活是不可能的，而且也太危险了。但从现在起，我尽量少用电就是啦。啧啧，一想起完全无电的生活，真可怕！

艾迪说，如果我想节省能源，我应该把电视完全关掉，而不是让它保持待机状态。或者我应该买一个电鳗，把它插到电视里。

今日小贴士

一条电鳗能产生350伏特的电压。这比绝大多数插座的电压还高。只是电鳗会喜欢这样吗？

5月15日 星期日

　　周五的"无电生活挑战"结束后，我忘记给冰箱通电了。现在有许多食物的味道闻起来怪怪的，所以我把冰箱清空了——在收拾的过程中，我发现了一些无法辨认的东西，它们放在里面实在太久了。我要把它们全部放到外面的草地上，让鸟儿们享用。

　　今天艾迪的肚子里装满了关于冰箱的知识。他又开始钻研关于冰箱的书了？我简直不敢相信，他什么都知道。他说你可以用各种办法使得冰箱尽可能地少耗电。

1. 冰箱的后壁应该与墙保持一定距离以利于空气循环。这将提高冰箱的工作效率。

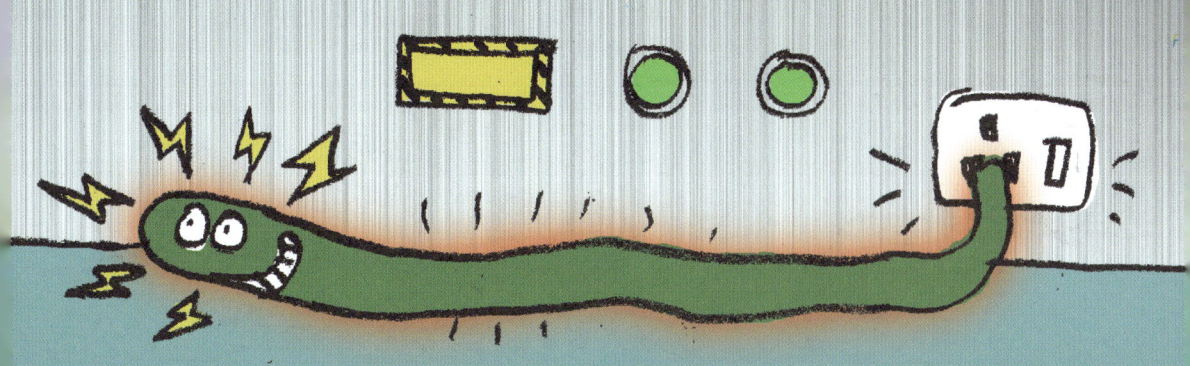

2. 装满食物的冰箱制冷、保温所消耗的电要比空冰箱少。所以多买些食物放进去吧！真酷。

3. 冰箱放在室温低的房间，如车库或杂物间，所消耗的电量会少一些。这是因为它们不需要为冷冻食物而工作得那么吃力。

4. 我要记住：要让冰箱的门保持关闭！

今日小贴士

冰箱比家里的绝大部分电器都要多耗电，因为冰箱一年到头、日日夜夜都在忙着工作，从不停止。和我差不多！

5月16日 星期一

鸟儿们——也可能是其他野生动物吧，或是艾迪——把从冰箱里弄出来的那些东西都消灭了。几乎所有的食物都消失了！只剩下那些没法说清是什么的东西。

我现在正用一个长玻璃杯喝冰镇牛奶。但它不是从冰箱里拿出来的。你知道我是怎么让这牛奶变得冰凉的吗？方法如下：

1. 我在工具棚里找到一个陶花盆并拿进屋里。

2. 我从橱柜里拿出一口大锅并装上一半的冷水。

67

3. 我把一盒牛奶放在那口锅的中间，浸在水里。

4. 我把那个花盆口朝下翻过来，把它扣在牛奶盒上面并确保盆的边缘浸到水里。如果你把它放过夜，水沿着花盆往上吸收并蒸发到空气中，从而让花盆冷却。这会使得花盆里的空气变冷，我的牛奶也变冷了。多么神奇！

没用的小贴士 ⬇

艾迪说如果你连续7年不停地放屁，你就会产生与原子弹相当的能量。我觉得他在胡说八道。

轰隆！

豆子　更多豆子

6月3日 星期五

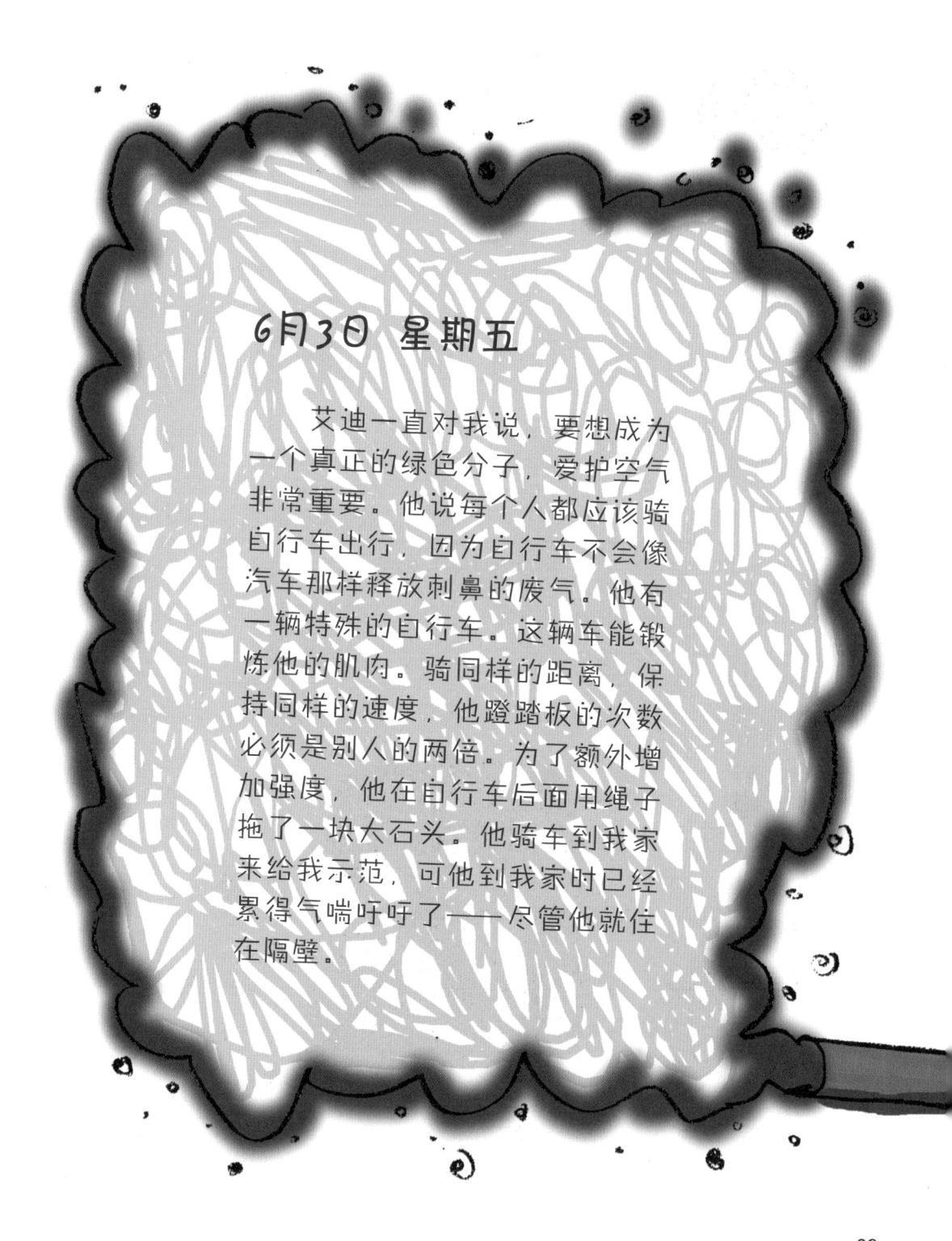

艾迪一直对我说，要想成为一个真正的绿色分子，爱护空气非常重要。他说每个人都应该骑自行车出行，因为自行车不会像汽车那样释放刺鼻的废气。他有一辆特殊的自行车。这辆车能锻炼他的肌肉。骑同样的距离，保持同样的速度，他蹬踏板的次数必须是别人的两倍。为了额外增加强度，他在自行车后面用绳子拖了一块大石头。他骑车到我家来给我示范，可他到我家时已经累得气喘吁吁了——尽管他就住在隔壁。

6月5日 星期日

　　夏天已经来临：看起来这将是一个炎热的夏天！我做出决定，今天是时候重新起用我准备回收利用的塑料瓶子了……我打算组装一个特别的装置用来洗热水澡，而不需要使用一点点儿电。我以前从来没有这样试过，也许它不能正常工作——但是，我是生活在这个危险年代的无畏的绿色分子，所以……艾迪对此也很感兴趣，但是他要等我把装置调试成功，然后他自己再做一个。

试验如下：

1. 从你的废品回收箱中挑出一个大塑料瓶。

2. 把它涂成黑色，然后把它晾干。

3. 装满水，把它放在阳光下晒一天。太阳能会让它热起来！

4. 把瓶子里的水浇到你的头上。（这天太阳光越充足，淋浴的水就越热。）

植物最新消息

土豆仔的土豆又有新芽冒出来了，所以他又用土盖住这些芽。继续坚持，不懈努力……

哎呀，计划没有完全成功。由于试验得太匆忙，我忘了让颜料完全干透。结果我比洗淋浴之前更黑了。不过，艾迪非常兴奋。他说这只是一项伟大发明的第一次尝试。你不能指望什么事第一次就做得很好吧，我是这么想的。

植物最新消息

萝卜已经没了。它们最后的命运是成了饭桌上美味的沙拉。我在想接下来要种点胡萝卜。我的莴苣长得很好。不知什么东西啃了一些莴苣外面的叶子，不过我可以很容易将这部分叶子摘掉，然后吃剩下的部分。我想吃叶子的可能是鼻涕虫——我要和艾迪碰头商量一下。

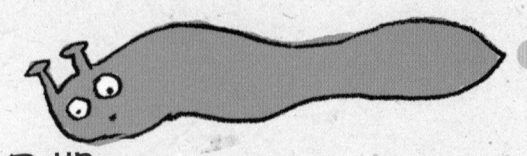

6月6日 星期一

今天早上我看见了相当壮观的一幕：一个家伙嗖哨一声冲下马路。原来是西蒙，他和往常一样在送信，但他的自行车上支着一个风帆。真是个疯狂的家伙！不过确实很绿色——他在利用风能！原来这就是他的最高机密计划。我本来打算问他我能否也做一个，不过他的装置看起来在控制方向上还存在问题，看着他被风一下子拖到树篱外，我想我还是等他先改进一下设计再说吧。

艾迪知道很多关于鼻涕虫的事。他说他还养了两只搁在皮带上作宠物呢。他还有一些好办法，管保那些鼻涕虫不再偷吃我准备做沙拉的莴苣。

1. 如果你在一个温暖、潮湿的夜里拿着手电筒出去，此时正是鼻涕虫出来偷吃东西的时候。你可以把它们收集起来，再把它们扔到一片荒地上。

2. 鼻涕虫喜欢所有潮湿的东西，所以如果在你种的植物周围布置一圈干燥的防护带，它们就不会喜欢穿过去。你可以使用锯屑、沙子和坚果壳——很多类似的东西都可用！

3. 鼻涕虫也爱啤酒——所以你可以设一个啤酒陷阱。在地上埋一个酸奶瓶或者差不多的东西，然后往里面倒点啤酒。到早上你就可能发现一些死鼻涕虫。哎！可怜的鼻涕虫。

4. 很多野生动物吃鼻涕虫，所以你可以让花园成为这些动物的美好家园，比如鸟儿、刺猬、蟾蜍和青蛙等。

重要的是，不管怎么样你都不能使用除鼻涕虫药！它们当然会杀死鼻涕虫，但它们也会杀死鸟儿和刺猬，如果狗吃得太多，也会被杀死。

6月13日 星期一

堆肥最新消息：它需要帮助！而且很显然蚯蚓是这项工作的最佳人选。不像鼻涕虫，蚯蚓这些小家伙们是园丁的好朋友。我是蚯蚓的大粉丝，不仅仅是因为它们摇摆的身姿光彩照人，或是放在你的手上感觉很好玩，还因为它们吃土壤，这也是非常聪明的，它们的粪便是质量和质地上佳的肥料，对花草和蔬菜的生长非常有好处。

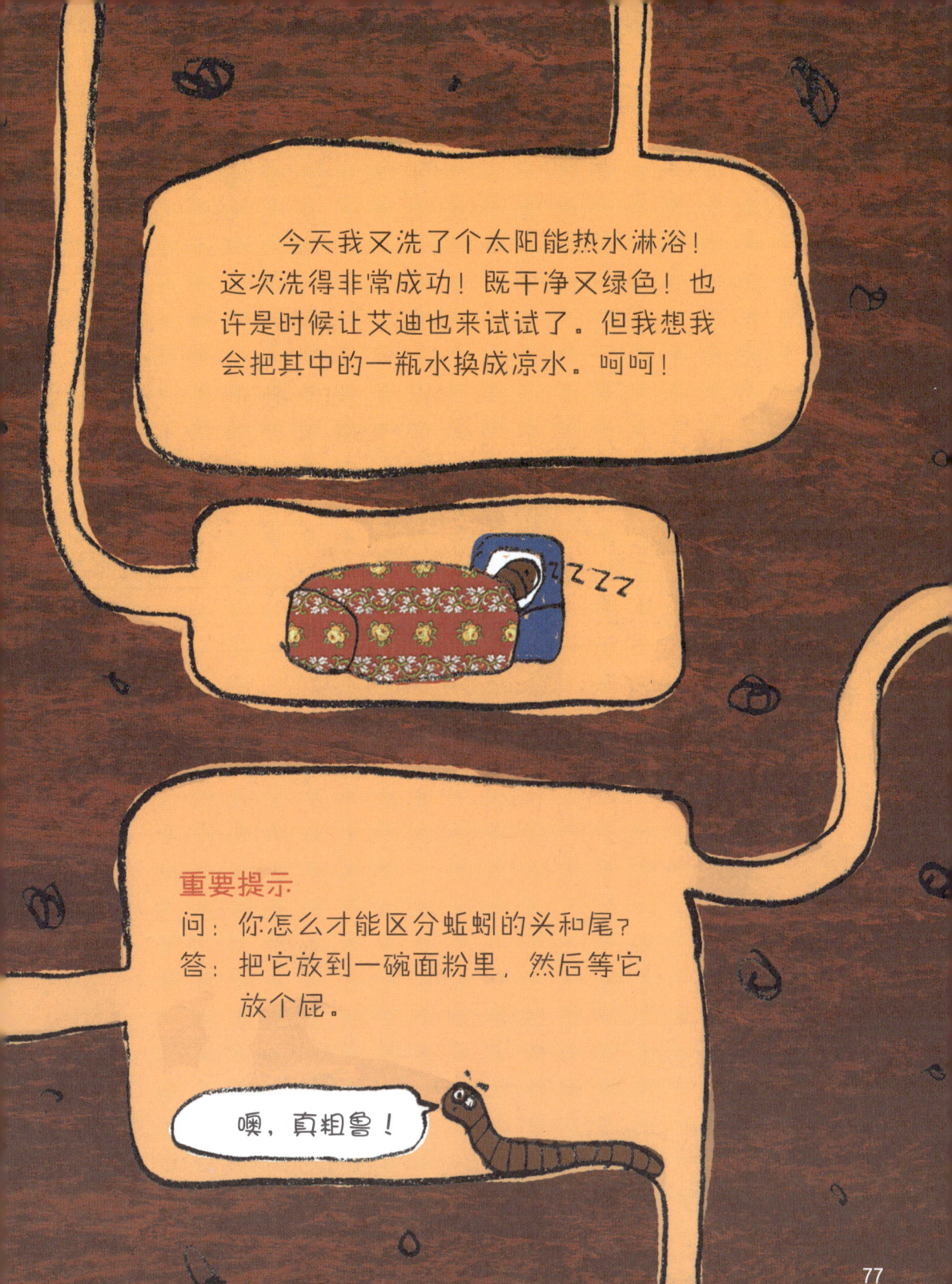

今天我又洗了个太阳能热水淋浴！这次洗得非常成功！既干净又绿色！也许是时候让艾迪也来试试了。但我想我会把其中的一瓶水换成凉水。呵呵！

重要提示
问：你怎么才能区分蚯蚓的头和尾？
答：把它放到一碗面粉里，然后等它放个屁。

噢，真粗鲁！

7月4日 星期一

艾迪和我突发奇想，要为绿色分子做一套全新的形象设计。所以今天我们要给一些衣服染色。艾迪说，你可以用自然的方法染色，他曾试验过用草、泥和浆果染色，还有花、树皮和果汁饮料，还有茶水和豌豆。他还试过南瓜泥。但今天我们要把衣服染成很棒的草绿色。

1. 首先，你必须制成一种特殊的混合溶剂，好让衣服吸收其中的染料。所以，你要找一口大锅并把它放到炉子上。要确保在你身边能找到一位年龄更大、头脑更明白的人来帮你。

2. 往锅里倒四升水和一升醋。

3. 把T恤放进去，盖上锅盖，打开炉子加热，用小火慢慢煮大约一个小时。

4. 关火并等它完全凉下来后，倒掉混合溶剂。（请那位年龄更大、头脑更明白的人来做这件事。如果锅还热着就先别让他动手，免得加热的混合溶剂溅着你。）

5. 再用清水漂洗那件T恤。现在可以准备染色了！

当我们的衣服被染色时，我们需要耐心等待。你可以试着想一想，要是把你的一个眼珠拿出来，让它盯着另一个眼珠看，到底会发生什么？你的脑子会不会一团糨糊或是炸开来？我可说不准。

现在就告诉你如何把一件白色T恤染成绿色（这是艾迪的推荐中最成功的产品）：

1. 摘一把青草。

2. 把青草混到水里。如果你想把衣服染成深绿色，就多加点青草；如果你想让衣服颜色浅点，就少加点青草。

3. 用小火煮一个小时，并确保锅盖是盖着的！（你需要再请那位头脑更明白的人过来帮忙看一看。）

4. 把绿汁充分挤出来。（那位头脑明白的人手劲儿更大。）再把挤干的草扔到你的堆肥箱里。

5. 把T恤浸泡进去，呼呼地快速搅拌。

6. 过几分钟后把T恤拿出来，挂起来晾干。

7. 穿上它。

植物最新消息

我的西红柿需要更多的空间生长，所以我准备把它们移到更大的盆里。据西蒙的观察，放在我的旧运动鞋里的西红柿看起来过得很开心，真令人吃惊！所以我暂时把它留在那里。我今天又把土豆长出来的芽用土盖住了。上次给西蒙的种子，他后来也种下去了，而且他的土豆也发芽了！

我的

7月7日 星期四

今天是个非常重要的日子。今天是我的生日！万岁！一年中最好的日子。艾迪给我带来了一个非常棒的生日礼物——帆布背包。我想我去逛商店的时候就可以用它代替塑料袋了，袋用过后就会被扔掉。艾迪喜欢这个主意。他说我已经具备了成为真正的绿色分子的优秀素质。我必须坚持下去。

植物最新消息

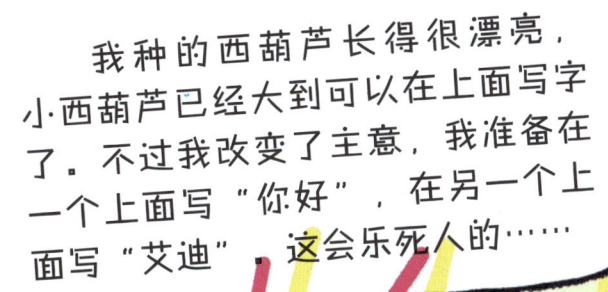

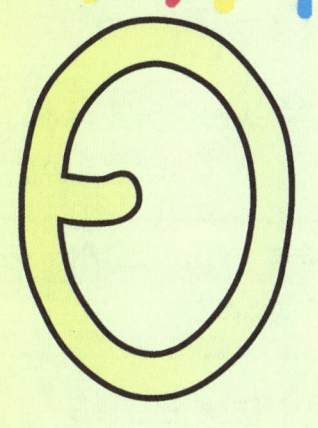

我种的西葫芦长得很漂亮，小西葫芦已经大到可以在上面写字了。不过我改变了主意，我准备在一个上面写"你好"，在另一个上面写"艾迪"。这会乐死人的……

生日

今日小贴士

这是件令人难过的事。每年，有许多动物包括成千上万只鸟儿、海豹和海豚，因为被人们丢弃的塑料袋困住而死去。

7月8日 星期五

  我的帆布背包就要成为全城人的话题了。昨天，我背着帆布背包在中心街道上来来回回游行展示，包里装满了我买的东西。我还有一个有趣的发现——"公平交易"产品。一位售货员跟我解释了一通。

1. 当你购买一些贴有"公平交易"标签的东西时，就意味着你和生产这件东西的农场主进行了公平交易，也就是说你为这件东西支付了足够多的钱——因此他或她有足够的钱能生活下去。

2. 这个标签也意味着在那个农场的工人无须花长得可怕的时间来劳动，也不会在危险的条件下劳动。

  唉呀……我想我是待错页面了！

3. 使用"公平交易"标签的规则也是为了促进有机农产品的发展。这对于控制使用杀虫剂也特别重要。世界上有些国家禁止使用某些杀虫剂,但是在另一些国家却还没有禁止。这些杀虫剂之所以在某个国家被禁用,就是因为它们被认为过于危险而无法安全使用,在这种情况下,每个国家都应该禁止使用这些杀虫剂。

今天我还发现,青蛙在听到有人靠近时就会扑通一声跳进池塘里。我在想,我可以躲在树上,这样就可以观察它们的习性,并模仿它们打饱嗝。

什么习性?……你见过我挖鼻孔吗?

7月9日 星期六

一只蓝山雀已经在小鸟宾馆安家了。看起来它在那住得很舒服。我管它叫伯纳德。当我写这些文字的时候，它一直在看着我，然后唧唧叫着飞走了。它一定知道我在说它的事儿。我很想知道它是怎么想的。它会说我是个绿色分子吗？

> 他看起来真怪，肯定是个珍稀品种！

鸟类

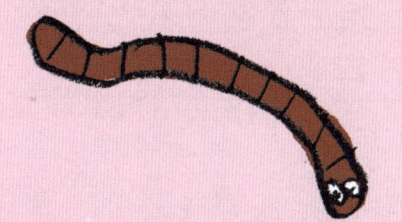

8月4日 星期四

今天我彻底地改造了花园的一角。那里已经变成了野生生物（动物和鸟儿们）的绝佳的庇护所。如果为了给人类的高速公路和住宅让路，而失去了自己的家园，它们现在就可以搬过来住在这儿。

1. 我做的第一件事就是在那里放下几段腐烂的圆木和一些木块，这是为了招待土鳖虫。这些家伙居然跟海边的螃蟹有亲戚关系，所以你就会明白它们为什么喜欢潮湿的环境了。蜈蚣和千足虫也会喜欢这地方的。艾迪说，在乡下一平方英里（1英里=1.61千米）的土地上，虫子的数量要比整个地球上人类的数量还要多——喜欢在那种地方定居的小家伙们可真多啊！

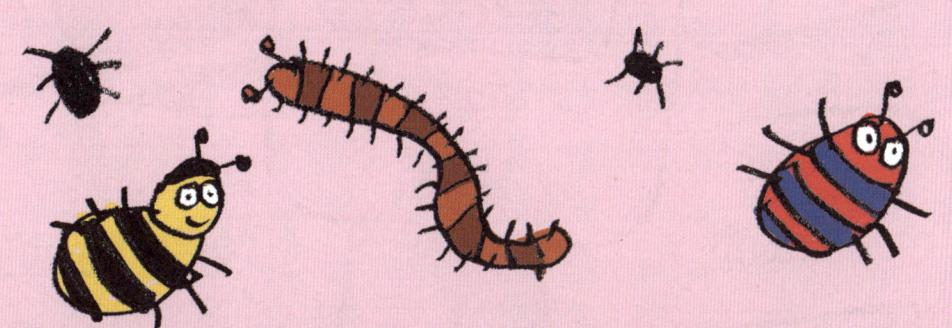

2. 接下来我挖了几块大石头搬过来，好让甲虫们能在下面躲一躲。很显然，在这个世界上，每四只动物里面就有一只是甲虫！

3. 明年春天我要种一些花来招待蜜蜂和蝴蝶。艾迪对我说，蜜蜂的翅膀需要每秒钟振动250次才能飞翔，所以它们来这儿的时候需要休息一下。

4. 我在那儿堆了一大堆大大小小的树枝，如果刺猬喜欢的话就可以躲进去。

我希望不久以后，狐狸和獾会明白我的花园是个绝妙好地方。看着花园里的这块地方，我开始希望我也是野生动物大军中的一员。

蟾蜍结

燕雀咒

狐狸臭弹

飞鹊传信

苍鹭围攻

绿色分子帮

8月9日 星期二

整整一个早上，我一直坐在工具棚的角落里观察一只蜘蛛，它看起来真恐怖。但也很美妙。不过还是很恐怖。开始，我在看它织网。它的确是织网的行家。

织完网后，它就坐在那儿等着。所以我也跟着等。它还在那儿等着。所以我也跟着再等。终于，嘭的一下！一只傻乎乎的苍蝇没看清路，直接撞到蜘蛛网上了，我实在不想说后面发生了什么……那蜘蛛看起来一时半会儿不会饿肚子了。

> 喔，哈罗

我好期待今天下午再洗个太阳能热水浴呀！喔呼！回想起来，去年这个时候我还没想到自己会变得如此绿色环保，真不可思议。现在你再瞧瞧我吧——正在朝着绿色环保的巅峰迈进！

有关蜘蛛的知识

1. 一张蜘蛛网比同等重量的钢丝要坚固得多，而且它更有弹性。它是人类所知的最坚韧的材料。哇噻！

2. 蜘蛛并不咀嚼用网捕获的任何飞虫——只是注射一种毒液把猎物分解，把它变成像汤一样的液体，然后蜘蛛再把它吸光。

3. 全世界被蜘蛛吃掉的所有昆虫的重量之和，比全世界人口的总重量还要大！

4. 如果果蝇来光顾你的堆肥箱，那可就真闹心了。别慌，请一只蜘蛛来帮忙……果蝇是蜘蛛的美味佳肴。

今天，我往堆肥箱里加了一些我的旧袜子。只是想看看会发生什么事。它们也许会令一切变得不一样。

今日小贴士

⬇

在人的一生中，平均每个人在睡觉的时候会吃掉8只蜘蛛。

啊——啊——

*译注：人真的会在睡梦中吃蜘蛛吗？这是西方民间的一种说法，据说蜘蛛喜欢人睡觉时嘴边淌的口水，所以，有时会不小心掉进睡着了的人的嘴巴里而被吞咽。不过这没有被医学或任何科学观察所证实，它更像是一个玩笑。

8月11日 星期四

今天早上，艾迪教了我一个小窍门——怎样种出红色的水仙。它将会看上去非常与众不同。

1. 买一个水仙花的球根，越大越好，再买一个大的甜菜根。

2. 这一步非常聪明也非常需要技巧，所以找位大人来帮忙吧。拿着甜菜根，将其中间掏空。可以把它想象为一个苹果，你要把它的核掏出来。

3. 然后把水仙花球根塞到甜菜根里。

4. 在地上挖一个约15厘米深的洞，把你的球根艺术品种进去。

5. 填上土并用脚把它踩平。然后你就等着吧，看看到春天会发生什么！

今天早上，艾迪把他的脚种进土里，想看看它会不会长大。当我种完水仙花后，便给他的脚浇水，还在上面施了点肥。午餐时间到了，又过去了，接着夜幕降临了。我真佩服艾迪的决心和毅力。做个绿色分子就得这样。晚上我把他的脚挖出来时，用尺子量了量，还是正好和以前一样大。我们讨论了一下，为什么会没有效果呢？我们断定，可能下次他应该更加集中精力，还得等得更久。

植物最新消息

三个长势诱人的西红柿已经慢慢由绿变红了。我必须耐心等待，等它们完全熟透，然后就可以吃了！但是放在我的旧运动鞋里的西红柿看起来快枯萎了。我想，可能是它还不太习惯里面的怪味吧。

9月4日 星期日

　　我度过了一个危险的、令人痛苦而难忘的夜晚，但还好幸存下来了。这几个月以来，我一直在收集纸盒、纸板和纸箱（准备用来制造肥料），并把它们塞在楼上的小房间里。今晚灾难降临。我打开小房间的门，准备往里面再放一个纸盒，这时那堆东西开始摇晃，接着一座纸塔倒下来，砸到我的头上。我已经无力回天了。这就像是一场雪崩。我本应该先把它们压平再塞进去的。我还有很多东西需要学习。

　　现在，我已经进入了堆肥的第二阶段：

1. 今晚我要将这些盒子撕成碎片，差不多是我手掌的大小。

2. 然后我要把它们捏成一个个的小纸球。

3. 我又把它们扔到楼下，准备再弄到堆肥箱里。它们将与厨房里的残渣混合在一起，充分混入空气后，便可以供那些蠕虫和爬虫享用了。那些小家伙们喜欢呆在里面。如果它们真喜欢的话，就会在那里逗留，大嚼、大啃那些垃圾，从而更快地把那里变成肥料堆。

9月5日 星期一

今天早上一起床，我立刻就面临了一个重大的问题：我被困住了！楼梯下有一个巨大的纸球堆，挡住了我的去路。

开始，我还以为我们家受到了来自外太空的外星人的侵袭，可后来我回忆起昨晚的大工程。我不得不一路"游"到厨房门口。

吃过早饭，又该回头干我的正事了。我把纸球倒进堆肥箱里搅和。幸运的爬虫们，它们会爱上这堆东西的。

9月13日 星期二

　　我在花园里开辟的野生生物区肯定是个诱人的庇护所——今晚天快黑的时候,我瞥见一只刺猬在那慢吞吞地转悠。刺猬们真是些奇妙的小家伙。

1. 成年刺猬能长到约25厘米长。

2. 每年的10月到次年的4月,它们会躲在枝条和树叶堆里冬眠。所以你在冬季点篝火的时候需要小心一点儿,不要把它们也给点着了。

3. 它们吃鼻涕虫、蜗牛和毛毛虫,所以它们能帮助防止我的蔬菜沙拉被偷吃。

4. 一只刺猬的背上大概有6000个棘刺!

5. 刺猬会游泳,还会爬上陡直的墙壁。

植物最新消息

我又给土豆芽盖上了土，现在盆里的土已经满了。下面我要做的就是等着土豆芽再冒出来，并等着它们开花。

我的苹果树看起来长得不错。但是，我得再等几年才能吃到苹果。等它长到相当大的时候，需要再移到外面的地上去种。然后它必须和另一棵苹果树进行"异花授粉"——在风和蜜蜂的帮助下，一棵树的花粉传给另一棵树上的花。只有到那时，苹果树才会结果。真是个复杂的过程！

9月16日 星期五

早上6点钟，我突然灵机一动！我知道我该怎么处理我收集的那些准备回收利用的报纸了——我要用它们制造新的纸张……

直到下午5点钟，我一直都在忙个不停。首先，我用手推车把所有的报纸运到艾迪家。他有个搅拌机。然后：

1. 我们把纸撕碎，把碎纸片与水混合在一起搅拌，直到变成粘稠的纸浆。

2. 我们在部分纸浆中加入了各种各样的东西，使它闻起来更香，如香草、牙膏和桂皮。但艾迪有几个建议我坚决反对，比如加鼻屎。我们加的东西已经够多的了。

把旧报纸、每日用一吨废纸，可节省纤维林木制成纸，纤维粒约500公斤；减少用水120多吨。

3. 我们在一些纸浆中还加入一些食品颜料。

4. 然后我们找来一个大盘子、两张很细的铜丝网和一些没有撕过的报纸。我们先把几张普通的报纸放到盘子里。

5. 接着，在上面放上一张铜丝网，再往上面倒一些纸浆。

6. 我用手把纸浆摊平，直铺到铜丝网的边沿，艾迪再在上面放另一张丝网。最后我们再铺上几张完好的报纸。

7. 我们轮流用力往下压，用报纸来吸水，当上面的报纸变得太湿的时候，就再换新的报纸。

8. 我们必须把它放置约24个小时，直到晾干（上面盖着几张报纸）。然后我们就可以使用它了！以上所有这些只是造一张纸的工序！

今日小贴士：亚马逊热带雨林为全世界制造了一半的氧气，所以人们不应该再乱砍树了！

这样造出的有些纸张闻起来气味真的很怪。艾迪憋不住不停地坏笑。这家伙在那些纸浆里到底加了什么怪怪的东西呢?

植物最新消息

我今天吃了那三个西红柿。它们看起来又新鲜又多汁,所以我再也等不下去了……

9月18日 星期日

　　我们一直忙着采黑莓。艾迪知道采黑莓的地方。我们约定了一项规则：我们每吃一颗黑莓就必须在篮子里放一颗黑莓。但过了一会儿，我们又开始玩一个新游戏——看谁的嘴巴里一次能放更多的黑莓。结果我赢了（放了37颗！）。这要归功于平时我说的话特别多，这使我的嘴巴拉得更大。

　　当我们回到家的时候，我们去看我的堆肥箱怎么样了。对它，我也不是太乐观，因为艾迪的建议也不是总能用到点子上。我们先用一根长棍去捅捅它，只是为了确保能安全地靠近它。艾迪说它有可能会爆炸，所以建议我们还是闭上眼睛为妙。可是当我们伸长脖子往那个箱子里面偷瞧的时候，我真是又惊又喜。很多很好的肥料！也看不见我扔到里面的旧袜子了。它们就这样消失了。太神奇了！

9月21日 星期三

今天，我摘下那两个写有神秘文字的做彩头的西葫芦，然后邀请艾迪过来随便吃点儿东西。他当时坐在厨房餐桌边，聊着这样或那样的事情。我假装正在准备食物，然后：

"艾迪！这是来自另一个世界的问候！"我大叫起来。

"他们尝试要说些什么……我实在搞不懂上面写着什么…… 等一等……"

艾迪站起身来，从我身后探头瞧，他想看得更仔细些。我逐渐往后退。"外星人，外星人，艾迪！外星球的西葫芦！他们在尝试联络你……你现在准备怎么办？"

艾迪看了看那文字，挠了挠头，然后咧嘴笑了——这是一个非常典型的、面临危难时刻的"艾迪式"的反应。

哈，他真被拿住了！

9月27日 星期二

今天早上，当我往种土豆的盆里添加我的特制肥料时，我意外地看到了一块蓝布，它的气味我非常熟悉。原来是我的袜子！就像一位老朋友。

未经训练的眼睛几乎不可能认出它来，不过它的气味还是透露了秘密。可是另一只袜子哪去了？难道它潜伏在什么地方，准备出其不意地给人一个脏兮兮的惊喜？

艾迪今天又来玩了，但他不能呆得太久——他说他有一件非常重要的任务缠身，就是收集橡子。和艾迪在一起，有时最好什么也别问。

10月2日 星期日

　　我们用香草自制的纸，闻起来真不错。它们实在太香了，我都忍不住试着咬了几个角，很有嚼头。说真的实在太难嚼了，不过上面的香草味还是非常好的，于是我又在想……我要种一些香草。我已经收集了一些牛奶盒，我是这么做的：

1. 我用剪刀把这些盒子剪得短一些。（危险！小心使用剪刀。）

2. 在盒子的底部，我用铅笔扎了个洞，这样水就可以流出来。凡事都要计划好。

3. 现在我在里面放上一些我自己制造的肥料。嗯，真是好东西。

4. 接下来，放入种子。我有紫苏、百里香、香芹和茴香草的种子。我在每个盒子里都放了一些草籽，然后用土盖住。

种子最好放在屋内的窗台上,这里阳光充足又不像在花园里那么冷。我必须记着给它们浇水。

艾迪告诉我他也种了些东西——他收集的那些橡果。它们会长成小橡树,还化上妆……

今日小贴士:艾迪说,种子不能存放太长时间,最好在一年内使用它们。(还有一件事,他必须停止吃那么多的苹果,因为我种苹果核的速度没有那么快。)

噢，向着目标行动！

10月7日 星期五

终于，土豆盆里的土豆熟了！一个重大线索就是，那些花已经凋谢了。我让艾迪过来帮我，把土豆盆搬到花园边上。我们把里面的土倒出来，用手在土里扒。于是它们出来了：好多的土豆！接下来的一周，我都要用它们来做晚餐。这是艾迪提出来的又一项成功的建议。以后，我得多听听他的意见。

树叶落了，落得满花园都是。我收集了几大袋的树叶，在轮胎的下面堆成了一堆。如果我小心一些，就能从轮胎上荡下来，在空中飞行，然后平安降落在软软的树叶堆上。这好玩极了，但它需要技巧，勇于献身而且胆识过人。你必须小心地拿捏好时机。如果你荡得太过了，就会掉进池子里。我这么说，纯属经验之谈。

你看，我身上的衣服现在都挂在晾衣绳上。

10月13日 星期四

今天我花了一天的时间，把花园的一个偏僻角落改造成迷你天然草场。为什么这么改呢？是这样的：艾迪告诉我天然草场比人工草坪有意思得多。在草场上，各种生物都可以按照自己喜欢的方式生活。野花和野草可以自然地繁茂生长，它们还为各种动物和昆虫提供了一个完美的家。

1. 我做的第一件事就是把花园中心植物的球茎移植过去。你得往土里挖一定深度，然后把植物球茎笔直地放进去。按照比较成功的经验，这个坑的深度应该大约是植物球茎的两倍。

2. 一旦把球茎放进去，而且它待在里面看来也不错，就用土把坑填上，并用脚把土踩结实，这样球茎会感觉温暖舒适。

3. 明年春天我还要种一些野花。最好在植物的周围留点空地，这样的话它们就不用和野草争夺土壤中的养分了。

4. 我还买了一些野草的种子，所以明年春天我也会种一些草籽。到时我们看看会发生什么吧！

10月31日 星期一
万圣节前夜！

我在门边放了一个南瓜，里面插着蜡烛。不是用的随便什么老南瓜——而是我自己种的南瓜，那是我今年4月种下去的……

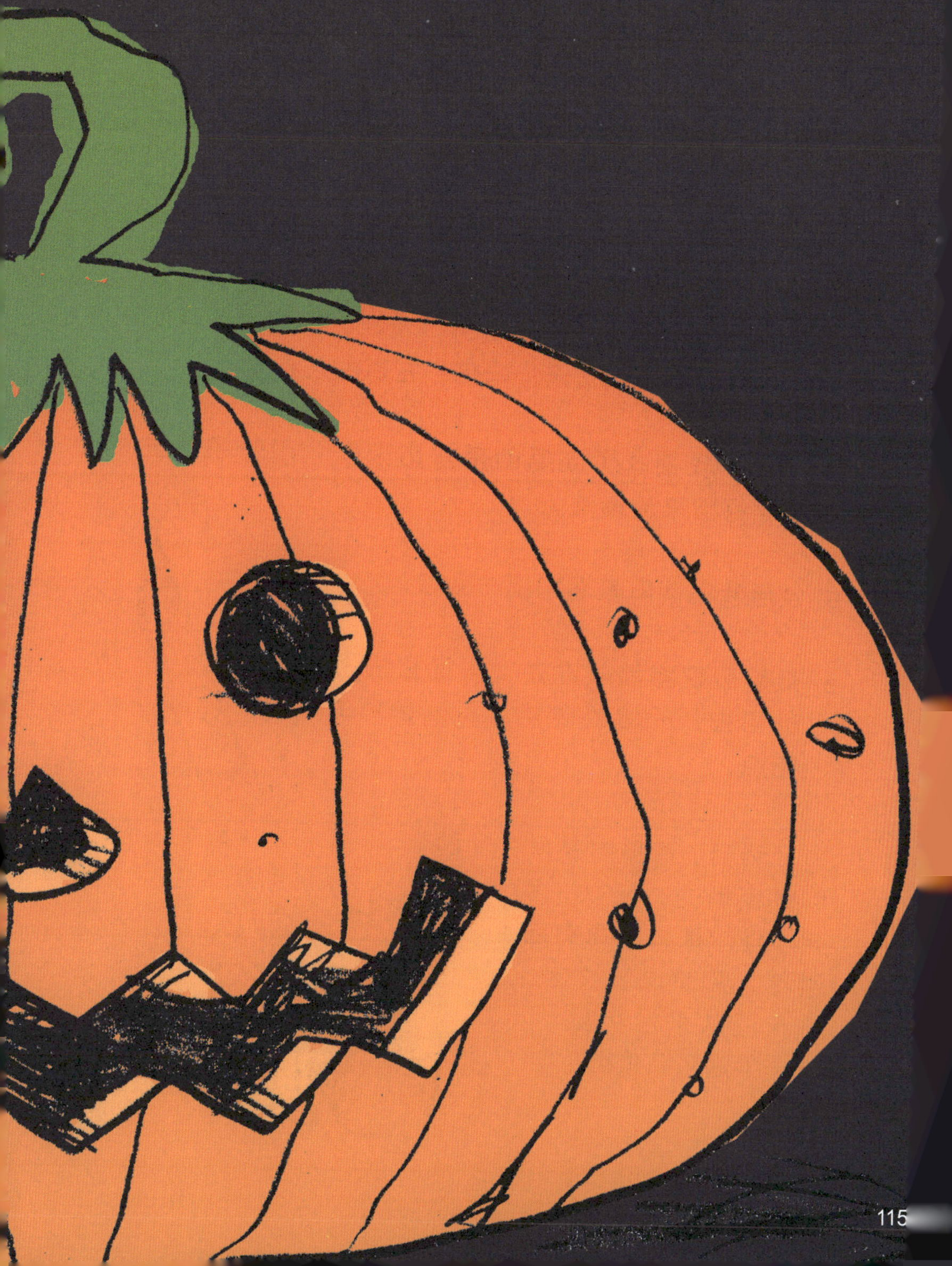

我是怎么做的呢？

1. 我把种子种下去，方法就跟种苹果核一样，只需把它们埋在一盆肥料的下面。

2. 然后就是最重要的事——给它们浇水。

3. 当一些小小的新叶苗出现时，我把它移到外面花园里去种，等着它慢慢长大。哇噻，它真的长大了！

4. 昨天，我把这个南瓜的顶部切下来，用勺子把里面掏空，好用来放蜡烛。

5. 然后我在南瓜表面刻出一张脸。

6. 最后我把蜡烛放进去，再把它的顶部盖回去。天黑的时候，我就会点上蜡烛。

　　我刻的南瓜脸是以艾迪的脸做模型的。所以，别大惊小怪，那样子真有点滑稽。艾迪说他长这么大还从来没有见过一个这么英俊的南瓜。

土豆仔的超级秘制南瓜汤

1. 找几个洋葱,剥去外皮并切片。让大人来使用锋利的刀,并完成下面几个技巧复杂的步骤。

2. 把南瓜的瓤掏出来,并把它剁成小块。把南瓜籽摘出来——你可以把它们放进堆肥箱里,或者保存好,明年再把它们种下去。

3. 用油和小火来煎洋葱和南瓜,直到它们变软。

4. 加一些水,再用土豆捣碎器把它们全都捣成泥。

5. 加一些盐和胡椒粉。

6. 盛入碗中,端上桌。

7. 嗯,还等什么,吃!

　　一件真事!世界上最大的南瓜是加拿大一个名叫赫尔曼的农民种出来的,它重449千克。那真是一超级大碗的汤啊!

11月2日 星期三

如果你把全世界一天所有的小便都收集起来，它的总量足够在尼亚加拉大瀑布流20分钟。为什么我要对你说这些呢？我从头说起吧，今天一早门铃就响了，门口站着艾迪，手里拿着一块砖。他直接从我身边冲过去，消失在卫生间。当他出来的时候，那块砖已经不见了。但是他不能停下来向我解释——他不得不再到别家去转转，大概是要分发更多的砖吧。我跑进卫生间搜寻那块砖，但是在哪也找不到。

后来，艾迪又转到我家，他给我解释这一整天他都在做什么……

1. 马桶的后面是水箱，里面装着冲马桶的水。冲水的时候，粪便和尿尿会跟水一起冲到下水管道里。

2. 艾迪把水箱的盖子拿下来……向我展示那块神秘砖块的去处。砖就放在水箱里！这样，以后我每次冲马桶时都会节约整整一块砖的水量。过上一段时间，我就会节约成千上万块砖的水量。它们多得足够建一所房子了，假如能用水造房子的话。

特殊的X光探测显示，砖块藏在水箱里！

今日小贴士： 我们所使用的三分之一的水是用来冲厕所的。这对于可食用的淡水来说是多么大的浪费啊！加入绿色行动吧，可以去花园里小便（这适合做很好的肥料）……或者去买一个更为友好的环保马桶，这种马桶有两个冲水按钮，你可以根据使用水的多少来选择按钮冲水。

11月10日 星期四

　　艾迪今天不愿去户外，因为他说风太大了，所以他就站在屋里，隔着厨房的窗户看我给他做示范。我将示范说明，风可以是个好东西。我用一个大的玉米片纸盒做了个风车。我是这么做的……

1. 从一个准备回收的盒子上面剪下一块干净平整的纸板，并剪成正方形。

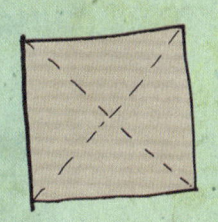

2. 沿着一条对角线对折。把它再次摊开，再沿着另一条对角线对折。

3. 沿着折线剪开，但距离中心点2厘米的地方不剪。

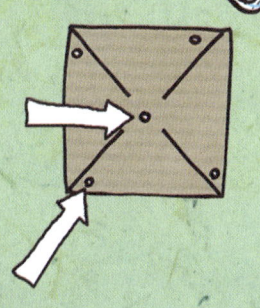

4. 在纸板的中心点扎一个洞，再在每个三角形边角上的同一个位置各扎一个洞。

　　（找一位大人来帮你做比较复杂的活儿和用剪刀的活儿。）

5. 用一根较细的吸管穿过纸板中间的洞，再把每个三角形依次弯下来，把边角折到中间，并让吸管穿过边角上的洞。

6. 在吸管头上用胶条缠几圈，让纸板固定，在纸板的背面也要用胶条缠几圈才能固定好。确保纸板和吸管都用胶条粘牢。

7. 把那根较细的吸管套进一根较粗的吸管。这样你的手就可以抓住它。把风车拿到外面去，看它会不会转起来！

8. 我试验了我的风车，它能正常转动，所以我又在风车上缠了一根长线，用曲别针做了一个小钩子，系在那根长线的另一头。

我的小风车转得很疯狂。艾迪看着挺迷惑，他好像不为所动。但现在开始第二步！我就要试验把一些东西钩在曲别针上………于是它成功了！我的风车能提起一根小树枝。这只是要示范利用风能的原理。如果这架风车足够大，它就可以用来抽水或发电——风能是一种获取极为便利的能源，并且用之不竭。

技术性小·贴士1号有成千上万的风车被用来发电。它们被称作"风力涡轮机",完全不会污染环境。

技术性小·贴示2号绝大多数用来发电的风力涡轮机都有三个叶片。两个叶片的风力涡轮机转得更快,但噪音更大。

技术性小·贴士3号如果你把我和艾迪套在一台涡轮机上,并且整天喂我们吃烤豆子,我们也能产生一定量的风能。为什么没有人想来试试呢?

小型屁能发电的城市

12月12日 星期一

　　我刚在浴缸里洗了个澡，现在正想怎么处理这么多的洗澡水呢。再做一个实验？我当然可以拔下塞子放水了事，可是想想看，生产这么多干净的水需要付出多么大的努力呀。一个巧妙的计划正在形成……

1. 我准备把一堆脏衣服放进去，并用脚来回踩它们。这样，我就可以不使用洗衣机了，既节省了电又节省了水。

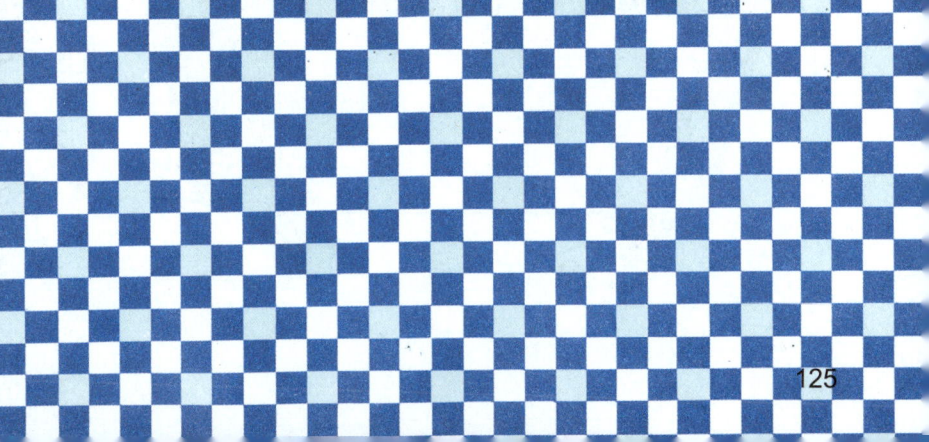

2. 我用脚来回踩衣服，再哗啦哗啦地翻来翻去，这样，我就能把衣服洗干净……

3. 我再把这些衣服挂在花园里的晾衣绳上。（用风吹干，不用放到洗衣机里甩干或烘干，这样就不会浪费电了。而风是免费的！）

艾迪很想帮我到浴缸里来踩衣服。但我知道他的脚是什么样的，所以我婉言谢绝了。

12月13日 星期二

  我打算做一次"淋浴实验"——同时用塞子把浴缸塞住。预备、立正、喷水!

  好啦,我现在洗干净了,而且感觉自己又有了改变。据我的重大发现,淋浴与泡浴相比较,改变的不仅仅是洗澡方式,用水量也大大减少了。因此我土豆仔,作为一名伟大的绿色环保实验者,得出如下结论:淋浴是更为绿色的洗澡方式——因为淋浴所用的水要少得多。更为绿色的人士甚至应该完全不洗澡——不过那未免也太极端了。

12月14日 星期三

我全身沾满了污泥。为什么呢？……今天，我又在轮胎上荡秋千，并非常精确地计算好下跳的时机。完美的动作！我在空中优美地飞行，然后"噼啪"一声落在那一堆树叶中间。然而那些树叶好像已经变成肥料了。

艾迪说这很正常，人们管这种腐烂的树叶叫"腐叶土"。霉菌吃掉树叶——而在我的堆肥箱里是虫子在做这项工作。

我的裤子看起来就好像我刚坐在一堆大粪上……

艾迪说腐叶土可以用来培育种子生长，但是如果你要种更大的植物，就得把它混进一些普通的土里，再往里面掺一些沙子。

12月17日 星期六

今天我把所有窗户都擦干净了，用的是一种特殊的、非常好的环保溶剂。是艾迪透露给我的秘密配方：一种无化学试剂，我不得不说——它的效果超级好。我的家里再也没有脏兮兮的旧窗户了。现在，到傍晚我都不用那么早开灯了，这意味着我又省了一些电。别扯远了，还是说说这个东西是怎么配出来的吧。

超级窗户清洁剂

1. 下次你出门的时候想着买一瓶白醋。

2. 往一个小罐子里倒点白醋,你可以用一个小酸奶盒或是鸡蛋杯。

3. 把它倒入一个大碗,再用小罐量三倍的水倒进去。

4. 混合并搅匀,我们就得到了这个无化学试剂的窗户清洁剂。

5. 拿一块抹布放里面沾湿,然后用它擦拭窗户。

6. 然后,把一张报纸揉成团,再把窗户擦一遍。这会把清洁剂吸干,并让窗玻璃闪闪发亮。

12月20日 星期二

　　每天早餐艾迪都会喝一瓶酸奶，所以……我想我可以给他做许多酸奶来庆祝圣诞节！幸运的艾迪！为了确保质量，我品尝了我制作的酸奶，我发现我是个天才厨师。嗯——真香！这酸奶做得太好了，我都有点舍不得送人啦。幸好圣诞节就要到了，否则艾迪是见不到这份礼物的。

我还是告诉你们我是怎么做的吧：

1. 我用长柄炖锅给一些牛奶加热，让它热起来就行，不要太烫。

2. 然后我把这些温热的牛奶倒进一个面盆里，再加入少量酸奶，在那里牛奶将变成"新鲜天然的酸奶"。

3. 下一步就要用一块干净的擦碗巾盖住它，再放到我的外套里面保暖。艾迪说我看起来像是怀孕了。但他猜不出我在干什么。哈哈！

4. 接着要做的就是把它放置过夜，它就会变成一大盆酸奶。

12月22日 星期四

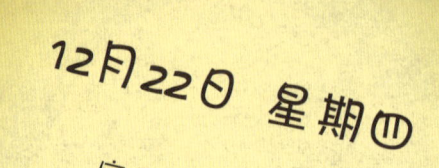

房子好像被魔法变成了一个圣诞洞！圣诞老人也摇响了他神奇的雪橇铃铛……

其实呀，真实的情况是艾迪和我做的彩纸链有点失去控制了。我们用我那堆准备回收利用的杂志来做纸链。我们把彩页剪成条，然后将两端粘在一起做成一个圈。再用下一个纸条穿过这个纸圈，两端粘住又做成一个纸圈。我们就这样一直做，一直做啊做。我们还一直聊着天，一边粘纸圈、剪纸条。不知不觉间，我们用完了那一整堆杂志。我们才想起要把彩纸链挂起来，挂着挂着才意识到……

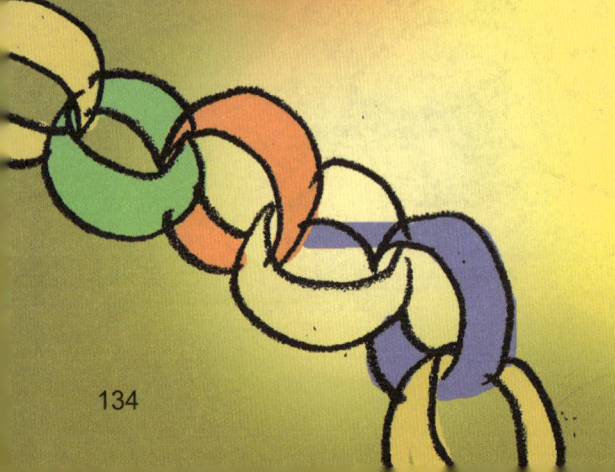

我们做了一个大怪物!

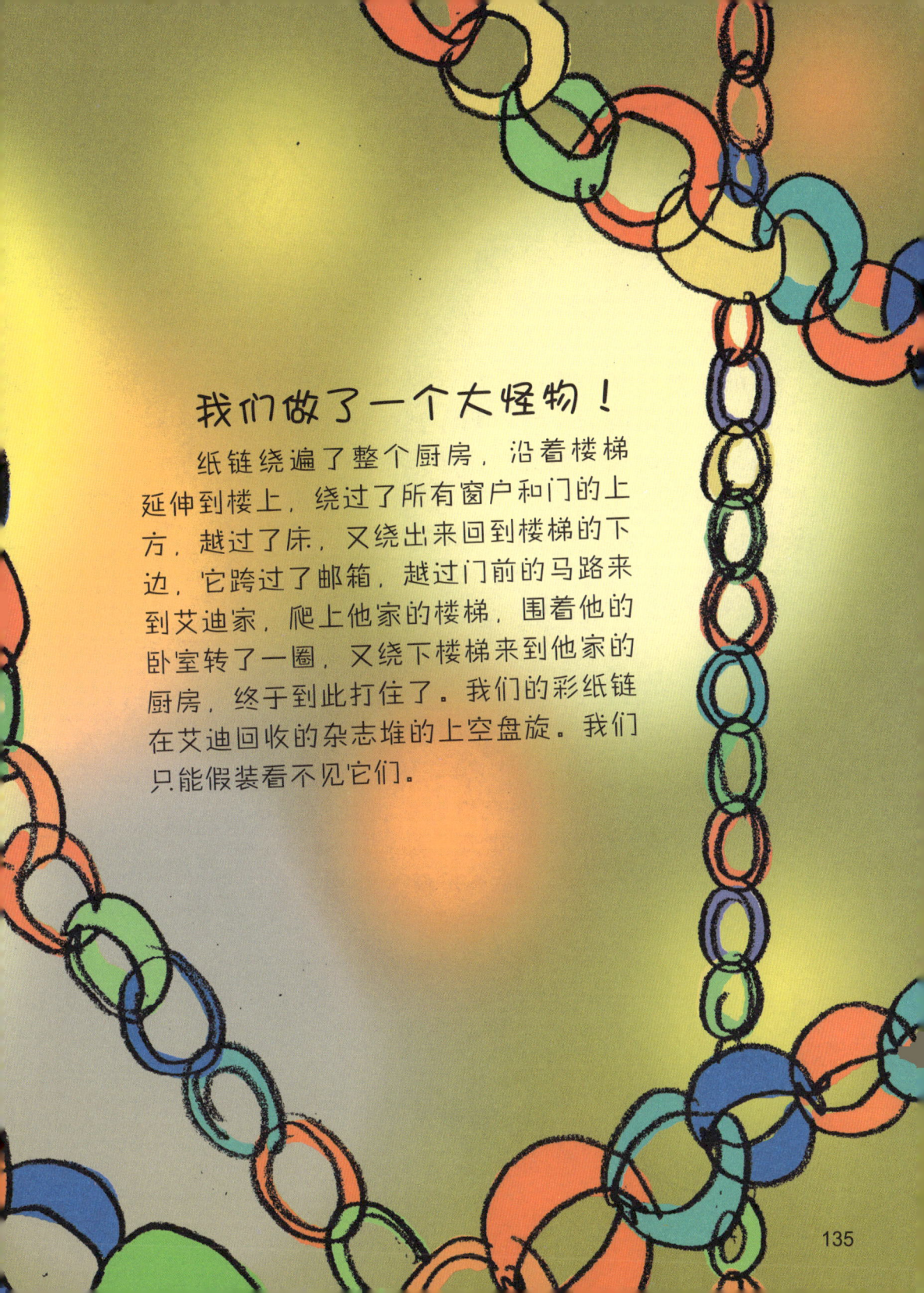

纸链绕遍了整个厨房,沿着楼梯延伸到楼上,绕过了所有窗户和门的上方,越过了床,又绕出来回到楼梯的下边。它跨过了邮箱,越过门前的马路来到艾迪家,爬上他家的楼梯,围着他的卧室转了一圈,又绕下楼梯来到他家的厨房,终于到此打住了。我们的彩纸链在艾迪回收的杂志堆的上空盘旋。我们只能假装看不见它们。

平安夜

（非常兴奋！）

耶，今晚是平安夜！明天是个好日子，不过对于那些被砍下来的圣诞树来说，明天却是伤心的日子。今年，艾迪弄来的圣诞树将会安然无恙，因为它是种在一个花盆里的，根部完好无损。万岁！我们用一些自制的装饰物装扮这棵树。它看起来比别的树好多了。

今天，我还了解到：

在圣诞之前的几周，很多花园里的树就会被挖出来，为了适合放进花盆里而被砍掉根部。这对树来说是难以忍受的。完全没有根的树可能很快就会死去。所以，请确保去买那些长在盆里的树，而不是仅仅被放在盆里的树。

然后，设法帮助树存活下来：

1. 把它放到屋里最冷的地方。

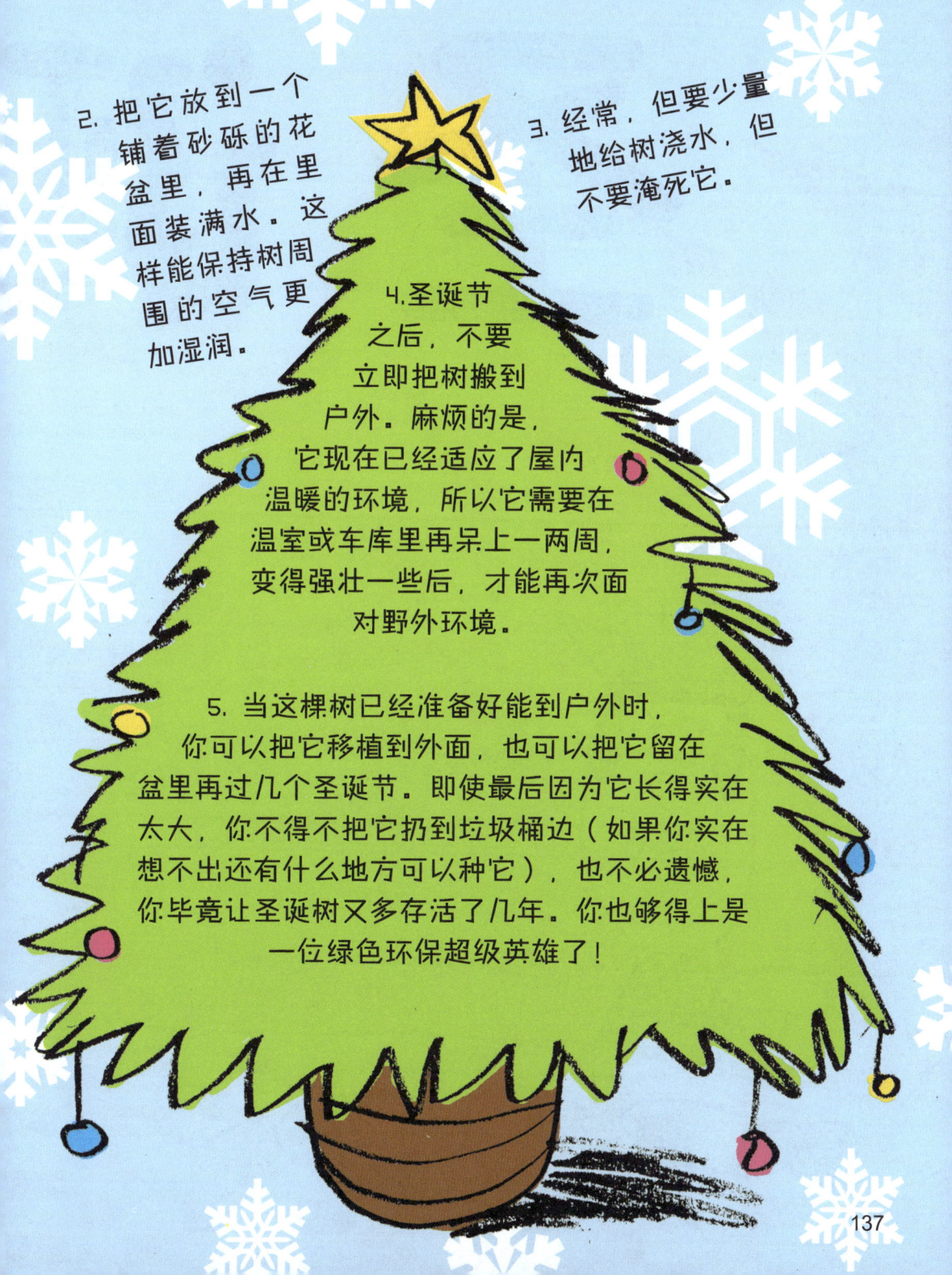

2. 把它放到一个铺着砂砾的花盆里，再在里面装满水。这样能保持树周围的空气更加湿润。

3. 经常，但要少量地给树浇水，但不要淹死它。

4. 圣诞节之后，不要立即把树搬到户外。麻烦的是，它现在已经适应了屋内温暖的环境，所以它需要在温室或车库里再呆上一两周，变得强壮一些后，才能再次面对野外环境。

5. 当这棵树已经准备好能到户外时，你可以把它移植到外面，也可以把它留在盆里再过几个圣诞节。即使最后因为它长得实在太大，你不得不把它扔到垃圾桶边（如果你实在想不出还有什么地方可以种它），也不必遗憾，你毕竟让圣诞树又多存活了几年。你也够得上是一位绿色环保超级英雄了！

圣诞

我今天起得格外的早，然后一路小跑来到艾迪家，送给他那一大碗酸奶。回来的时候，我发现在穿过花园一直到艾迪家后门的路上，我撒了一溜儿的酸奶。我希望鸟儿们也能喜欢这酸奶。

节

艾迪见到他的早餐非常开心，他一股脑儿全装进了肚子。看他那狼吞虎咽的样子，我真是终身难忘！

艾迪送给我一个了不起的礼物：一个他亲手做的令人惊叹的彩色风筝。他是这么做的：

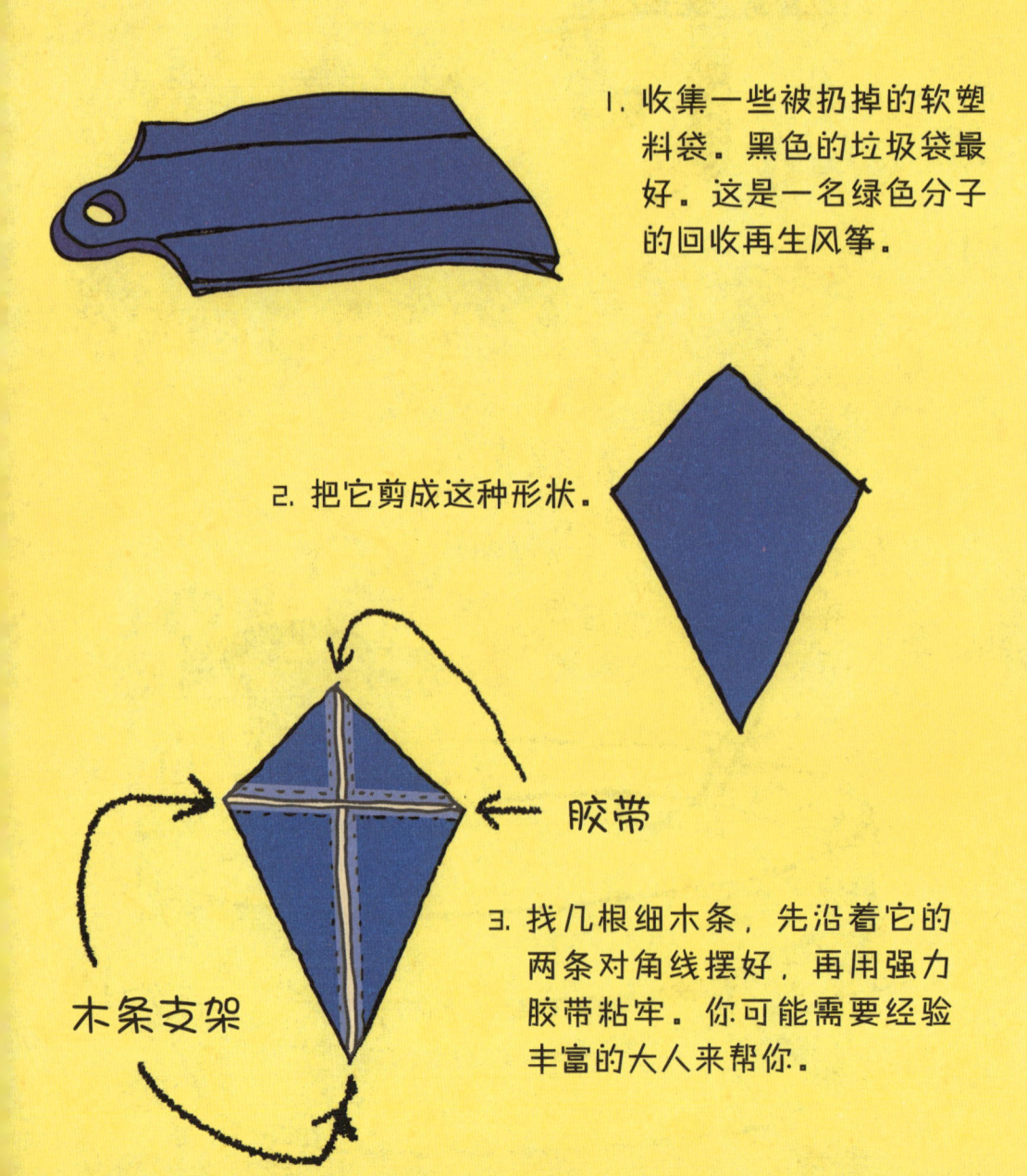

1. 收集一些被扔掉的软塑料袋。黑色的垃圾袋最好。这是一名绿色分子的回收再生风筝。

2. 把它剪成这种形状。

← 胶带

木条支架

3. 找几根细木条，先沿着它的两条对角线摆好，再用强力胶带粘牢。你可能需要经验丰富的大人来帮你。

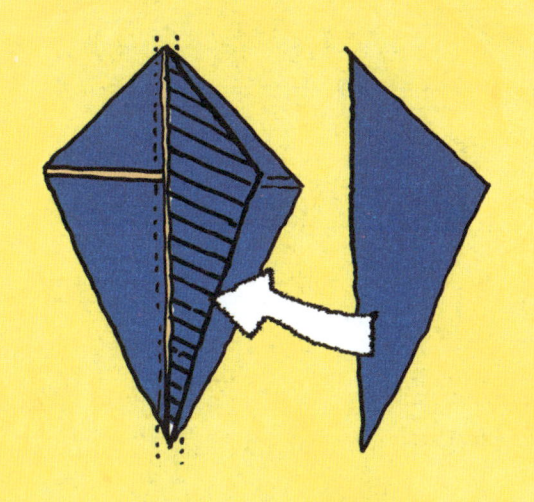

4. 剪出另一个塑料三角片，粘在中间的那根长木条上。

5. 用胶带把这个地方加固，请那位大人来帮你穿个洞，用来系绳。

6. 你还可以给这个风筝加一条长飘带作尾巴，在上面粘一些纸条和彩色的塑料条。这样当风筝飞起来时会非常好看。

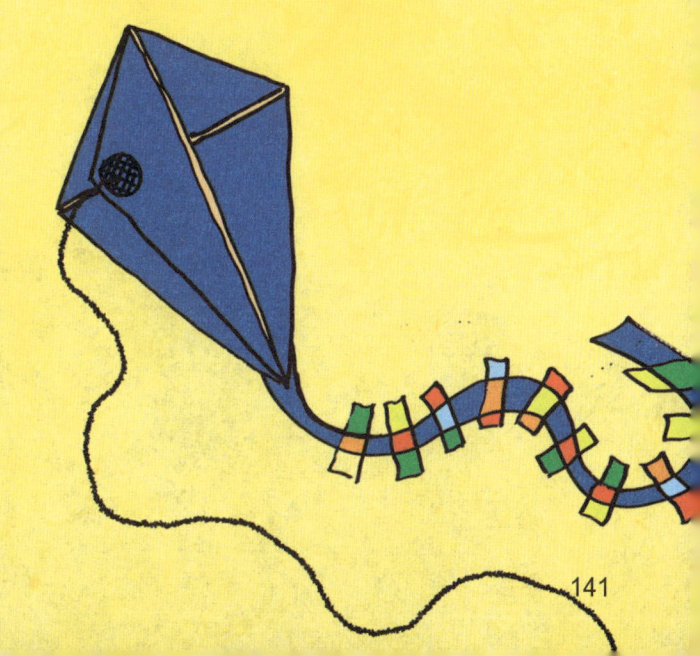

141

我们吃了一顿非常丰盛的圣诞午餐——烤土豆、胡萝卜、洋葱（来自我的花园）和一只有机火鸡。然后又吃了一份特殊的圣诞布丁——其中有些黑莓正是我们以前采回来的。味道好极了！我们还"乓乓乓乓"地敲打了一通，算是我们自制的鞭炮。艾迪还制造了一些打饱嗝的噪音。有趣的是，我打饱嗝的技术也取得了长足的进步，这要感谢那些青蛙。我想艾迪对我的进步一定大惑不解。

接着，在午餐后，我们去外面试飞风筝。艾迪做的是一个超级风筝！它越飞越高，转眼就超过了树顶。我们必须不断地加长线，甚至把我们的鞋带也用上了。

12月31日 星期六

经过一整年绿色环保生活的体验之后,我非常高兴地宣布,我已经是一名完全成熟的绿色分子了!我知道一路走来我也曾有过一些苦恼,但现在,我已是个地道的专业人士了。今天下午,我到花园里去转了几圈,好好地欣赏了我的那些努力成果:菜地、野生生物角、小鸟桌子和小鸟宾馆、我漂亮的小池塘、迷你天然草场……

咬一大口用我的肥料种出来的胡萝卜，跳上我的轮胎秋千，在秋千上潇洒地荡来荡去……我敢拍着胸脯说，这些日子以来我感觉自己非常环保、非常绿色——真正的绿色环保超人。哟嗬！